Jacques Babinet

Le diamant et les pierres précieuses

Étude

 Le code de la propriété intellectuelle du 1er juillet 1992 interdit en effet expressément la photocopie à usage collectif sans autorisation des ayants droit. Or, cette pratique s'est généralisée dans les établissements d'enseignement supérieur, provoquant une baisse brutale des achats de livres et de revues, au point que la possibilité même pour les auteurs de créer des œuvres nouvelles et de les faire éditer correctement est aujourd'hui menacée. En application de la loi du 11 mars 1957, il est interdit de reproduire intégralement ou partiellement le présent ouvrage, sur quelque support que ce soit, sans autorisation de l'Éditeur ou du Centre Français d'Exploitation du Droit de Copie , 20, rue Grands Augustins, 75006 Paris.

ISBN : 978-1726254908

10 9 8 7 6 5 4 3 2 1

Jacques Babinet

Le diamant et les pierres précieuses

Étude

Table de Matières

I. Du Diamant   7

II. Des Pierres précieuses   35

I. Du Diamant

Le diamant, appelé par les Grecs et les Latins *adamas*, indomptable, à cause de sa dureté et de sa non-frangibilité, a appelé l'attention des amateurs de pierres précieuses dès la plus haute antiquité. — Quant à la dureté, dit Lucrèce, les diamants sont en première ligne, et ils ne redoutent point le choc du marteau.

... Adamantina saxa
Prima acie constaat, ictus contemnere sueta.

La seconde de ces deux particularités est bien plus contestable que la première, et malgré toutes les assertions fabuleuses des auteurs anciens, le diamant, qui raie tous les corps et n'est rayé par aucun, est susceptible de *clivage*, c'est-à-dire qu'en dirigeant le tranchant d'une lame d'acier dans le sens des lames naturelles de la pierre, on la fait éclater et on la divise sans beaucoup de difficulté. Lorsque les rudes Helvétiens s'emparèrent des trésors que contenait la tente de Charles le Téméraire, plus somptueuse que celle des rois, ils partagèrent avec la hache quelques-uns des diamants de ce prince, au grand détriment de la valeur de ces pierres, qui, dans leur intégrité, avaient un prix infiniment supérieur à celui des morceaux qu'ils se distribuaient. Si l'on ouvre les compilations de la renaissance, on y trouve une masse d'érudition indigeste sur les gemmes. Malgré l'incertitude des noms appliqués à plusieurs pierres précieuses, on lit toujours Pline, compilateur lui-même d'ouvrages plus anciens qui sont perdus, mais surtout écrivain de premier ordre, qui osa composer l'*histoire de la nature,* comme on avait, avant lui, composé celle de divers peuples. Ce mot *histoire naturelle* est devenu depuis longtemps d'un usage si familier, que cette idée d'écrire l'histoire des êtres qui composent le monde, minéraux, végétaux et animaux, a tout à fait perdu pour nous son originalité. Il n'est pas inutile d'insister sur ce point, que la science, dans ses progrès continus, est devenue de plus en plus modeste, car chez les Grecs le mot nature, physis, avait pour signification la génération ou l'origine des êtres. Le même mot chez les Romains se rapportait à la naissance des êtres sans remonter à leur principe. Enfin, chez nous, le mot nature s'applique à l'ensemble des êtres de toute sorte qui constituent, occupent ou peuplent le monde physique, indépendamment de la cause ou des moyens qui les y ont placés. Là, comme partout ailleurs, la science, pour devenir positive et faire des progrès réels, a quitté les ambitieuses spéculations métaphysiques pour les sages observations de la nature, et la théorie pour les faits.

Il ne serait pas sans intérêt de suivre l'histoire des gemmes à travers celle de l'humanité, depuis l'éphod d'Aaron jusqu'à la croix pastorale de Mgr l'archevêque de Paris; depuis les offrandes de rubis, de saphirs, d'émeraudes, de diamants, de topazes, de sardoines, d'améthystes, d'escarboucles, de pierres d'aimant, faites dans les temples de Jupiter et des autres divinités païennes, jusqu'aux richesses de même nature qui, avant le XVIe siècle, s'étaient accumulées dans ce qu'on appelait le trésor des basiliques chrétiennes. On conserve encore à Rome une émeraude du Pérou, envoyée en hommage au pape après la conquête de ce pays. On doit cependant remarquer que ces précieux dépôts, provenant de la piété des fidèles, n'ont pas toujours été fidèlement respectés. Lorsque la réformation de Luther et de Calvin dans les pays allemands, et plus tard la révolution française dans les pays restés catholiques, transmirent aux autorités civiles la possession de ces richesses votives, on a pu constater que bien des substitutions frauduleuses avaient été opérées, et que le strass avait bien souvent remplacé la gemme primitive.

La fameuse exposition de Londres en 1851 s'enorgueillissait d'un grand diamant, le *Koh-i-noor* (*montagne de lumière*), enlevé aux *maha-radjas* de l'Inde et envoyé à la reine Victoria. Cette pierre, aussi mal taillée que mal éclairée, ne produisait aucun effet. La taille du *Koh-i-noor* a occupé les derniers loisirs du grand Wellington; quant à son antiquité, on a prétendu que ce diamant avait été porté par Karna, roi d'Anga, *trois mille et un ans* avant notre ère. Notez ce chiffre précis, 3001 ans ! A cela je n'ai rien à objecter; je me porte même garant de cette curieuse assertion, car qui me démentira dans ce témoignage ?

On en peut dire autant de toutes les propriétés merveilleuses des pierres gemmes que l'antiquité et le moyen âge ont admises sans hésiter, comme ils admettaient les influences des planètes, des comètes et des aspects célestes. Pour toutes les cures de maladies nerveuses et morales où l'imagination peut avoir une grande influence, les gemmes étaient certes un remède souverain. En disant à un malade qu'une émeraude placée sous le chevet de son lit devait le guérir de l'hypocondrie, éloigner le cauchemar, calmer les palpitations du cœur, égayer l'imagination, apporter la réussite dans les entreprises, dissiper les peines de l'âme, on était sûr du succès par la croyance seule du malade à l'efficacité du remède. L'espérance de la cure dans ces affections est la cure elle-même, et dans toutes les nombreuses circonstances où le moral a de l'influence sur le physique, la cause imaginaire devait produire un effet très réel. Enfin cette éternelle déception de l'esprit humain, qui n'enregistre que les guérisons et qui ne met pas en ligne de compte tous les cas où les moyens curatifs ont manqué le but, contribuait à maintenir la croyance aux vertus occultes des pierres précieuses. Il n'y a pas un demi-siècle que l'on envoyait encore emprunter dans les familles riches des pierres montées en anneaux pour les appliquer sur les parties malades. Quand le bijou devait être introduit dans la bouche pour cause de mal de dents, de mal de gorge ou de mal d'oreille, on avait soin de le retenir par une ficelle assez forte pour éviter qu'il ne fût avalé par le malade.

Il est inutile de dire qu'aujourd'hui, si l'on demande ce que sont devenues toutes ces croyances incontestables pour nos pères, on répondra qu'elles sont allées avec les influences lunaires, si puissantes au temps de Louis XIV, prendre place dans le magasin immense des erreurs de l'esprit humain : vieille friperie qui n'est pas encore tellement usée, que de temps en temps on n'en retire quelque chapeau ou table tournante, quelque miracle ridicule, ou même telle autre chose actuelle que le lecteur voudra bien nommer. Ce qu'il y a de curieux, c'est de voir, sous l'étendard du scepticisme, plus d'un écrivain qui, suivant le conseil de Voltaire,

Crie à l'impie, à l'athée, au déiste,
Au géomètre !

anathème que ne lancent plus depuis longtemps les *auteurs disant la messe* ! Pour trouver quelque chose de plus poétique que ces misères, il faut lire dans Lucain la description du festin donné à César par les souverains d'Egypte, Cléopâtre et son frère. La reine pliait sous le faix de ses ornements. Le vin était bu dans de grandes

coupes creusées dans des pierres gemmes :
 Gemmaeque capaces
Excepere merum.

Rien n'y manque, pas même le vin mousseux chanté par Pindare. César est ébloui de cette magnificence; il a honte d'avoir fait la guerre à un pauvre, à un indigent comme Pompée ! C'est sans doute pour se relever de cette humiliation que le même capitaine se procura peu de temps après, dans les dépouilles de Juba, roi de Mauritanie, des tables de bois de citronnier incrustées de pierreries, et estimées dans les prix de un à deux millions de francs.

Les pierres précieuses ont donc été de tout temps en grande estime, et le seront sans doute tout autant dans les siècles à venir. Lorsqu'aux somptuosités des cours de l'Orient et des citoyens romains enrichis des dépouilles du monde on compare notre luxe moderne, nous avons l'infériorité sur bien des points, excepté pour les diamants. Si dans une des brillantes réunions actuelles des Tuileries on apprécie la valeur des diamants, même en défalquant les parures en strass, on trouve que notre richesse française, quoique plus disséminée, ne le cède en rien à la richesse romaine tant vantée, pas plus que le vin mousseux de Champagne servi aux invités ne le cède aux crus antiques, grecs et romains, qui offraient la même particularité.

L'étude des pierreries, qui peut paraître frivole lorsqu'on ne voit en elles que des objets d'ornement, se relève lorsqu'on les considère du côté de l'importante question du commerce et sous le point de vue de l'optique et de la minéralogie, deux des sciences auxquelles notre époque a fait faire le plus de progrès. Le sévère Haüy, le créateur de la minéralogie cristallographique française, n'a pas dédaigné de composer un livre sur les pierres précieuses, où, fort de toutes les notions de la physique, de la chimie, de la mécanique et de l'optique, il ne laisse aucune place à l'indécision sur les caractères d'une pierre taillée quelconque. Il n'est guère d'ouvrages qui contiennent si peu d'erreurs que ce traité d'Haüy. L'auteur indique dans sa préface qu'il a eu recours aux lumières pratiques de M. Achard, lapidaire et minéralogiste, qui lui a fait connaître toutes les dénominations en usage. «Je dois, dit-il, un témoignage de reconnaissance à M. Achard, l'un des joailliers de cette ville les plus éclairés sur tout ce qui se rapporte aux objets de son commerce. » J'en puis dire autant de M. Achard fils, que j'ai connu lorsque je me livrais aux études d'optique qui m'ont ouvert les portes de l'Institut, et qui m'avait été indiqué par M. Haüy lui-même. Ce joaillier expert, qui est maintenant à la tête d'une de nos premières maisons de Paris, joint à l'expérience et à la probité de son père une pratique que la science, aidée des notions théoriques, ne trouve jamais en défaut. Je n'aurais même pas écrit avec assurance ces pages sur le diamant et les pierres précieuses, si je n'eusse pu compter sur la collaboration consultative de M. Achard.

Qu'est-ce que le diamant ? C'est ce qu'il y a de plus précieux et de plus cher au monde. Qu'est-ce que le charbon ? C'est la matière usuelle la plus commune et une de celles que l'on trouve en dépôts immenses dans les entrailles de la terre, en même temps que les plantes, les arbres de toute espèce en contiennent une inconcevable quantité. L'argent peut à peine payer le diamant, car si l'on imagine un diamant pur du poids d'une pièce de 25 francs, il pèsera environ 125 carats et vaudra au minimum 4 millions de francs, tandis qu'un poids pareil de charbon n'aura, même avec les pièces de cuivre les plus petites, aucune valeur assignable. Et cependant le diamant et le charbon sont identiques : le diamant n'est que du charbon cristallisé.

Lorsqu'une substance quelconque tenue en fusion dans de l'eau ou tout autre liquide vient à se déposer tranquillement, il en résulte un produit auquel on était loin de s'attendre. Ce n'est point un corps compacte comme une pierre, un caillou, un morceau de pavé ou de moellon tiré d'une carrière et n'offrant aucune forme déterminée. Si le corps fondu dans l'eau est du sel ordinaire, du salpêtre, du sucre, de l'alun, le dépôt laissé par l'eau en s'évaporant affectera des formes régulières et telles que l'art les aurait produites avec le secours de la géométrie. Le sel offrira des figures carrées en tout sens, et ses grains seront ce que la géométrie appelle des cubes. Telle serait la forme d'un livre qui, coupé carrément, aurait autant de hauteur que de largeur, et autant d'épaisseur que de largeur ou de hauteur. Telle est encore la figure connue d'un dé à jouer, que les Grecs appelaient techniquement un *cube*, et même chez eux le mot *cuber* désignait l'action de jouer aux dés. Si c'est du salpêtre, on obtiendra des tiges ou baguettes allongées ayant quatre côtés plats, et terminées par deux bouts sans pointes. Le sucre prendra la forme connue sous le nom de *sucre candi*, et qui se rapporte à un cube écrasé dans lequel les faces sont posées obliquement l'une sur l'autre. Enfin l'alun offrira en tout sens une double pointe carrée, comme si, prenant une petite règle carrée, on lui faisait à l'un des bouts une pointe formée de quatre biseaux aboutissant à un même point. Cette pointe porte le nom de *pyramide*, par assimilation à la forme géométrique de pyramide carrée qu'offrent les pyramides d'Egypte. Cette même pointe ou pyramide porte dans les arts le nom de *pointe de diamant*, car c'est précisément sous cette forme que la nature nous offre le charbon cristallisé ou diamant. Après que les chimistes eurent découvert que le diamant n'était que du charbon disposé sous forme régulière, on espéra pouvoir répéter dans le laboratoire les opérations de la nature, et faire du diamant avec du charbon; mais jusqu'ici la nature a gardé son secret. Elle triomphe dans l'art de se cacher, comme le dit Lucain de la source du Nil :

Sed vincit adhuc natura latendi.

On appelle *cristaux* ces produits géométriques réguliers de la nature. Ils sont à faces lisses et polies, avec des arêtes droites et bien dressées; ils offrent des plans parfaits, tels que l'acier tranchant ou la roue du lapidaire aurait pu les produire. De plus, ils sont transparents comme l'eau pure, le verre ou le cristal de nos verreries. Leur couleur, quand ils ne sont pas blancs, ne nuit pas à leur limpidité; le rouge du rubis, le bleu du saphir, le jaune de la topaze, le vert de l'émeraude, le violet de l'améthyste, le rose du spinelle, le cramoisi du grenat, n'empêchent pas qu'on voie au travers, et le diamant lui-même, quand il est coloré comme le diamant bleu de M. Hope, unique dans sa beauté, est aussi limpide et aussi pur que s'il eût été sans couleur. La chimie nous offre plusieurs centaines de cristaux de diverses formes variant avec la nature de la substance qui les compose, et que la minéralogie ne nous présente point. En revanche, la nature a produit dans le cours des âges, et sous l'influence d'actions à peine encore soupçonnées, des cristaux que l'art n'a pu jusqu'à ce jour imiter. Tel est expressément le diamant, telle est aussi l'émeraude, tels sont plusieurs autres minéraux, non compris parmi les gemmes. Ce sont ces formes géométriques que le célèbre Haüy étudia pendant un grand nombre d'années avant et depuis le commencement de ce siècle, et dont il créa une science nouvelle, l'un des titres de gloire de l'esprit humain. Bacon disait : « Plusieurs se succéderont, et la science s'augmentera; » *multi pertransibunt, et augebitur scientia.* Espérons qu'un esprit lucide et profond aura l'art d'exposer clairement et complètement ces titres de noblesse de la pensée humaine, en rendant justice à tous les inventeurs. Telle était l'intention exprimée par Napoléon quand il demanda le fameux rapport sur les prix décennaux, dont l'idée sera probablement reprise. Pythagore et Platon avaient sans aucun doute la notion des formes cristallographiques, lorsque dans leurs écoles ils énonçaient ce bel axiome, que la nature se livre à des opérations géométriques dans les profondeurs de la terre, et que Dieu *géométrise sans cesse.*

Les anciens alchimistes étaient d'avis que la pierre philosophale devait être faite avec la matière la plus vile possible. Nos ancêtres, plus au fait que nous des rêveries relatives au grand œuvre, riaient aux éclats lorsqu'à la comédie italienne Arlequin alchimiste veut, d'après cette théorie, mettre le vieux Cassandre, adepte nouveau, dans un creuset de grandeur d'homme. Ces plaisanteries seraient aujourd'hui inintelligibles; mais la nature, dans la production des pierres précieuses, semble avoir suivi l'idée des alchimistes en produisant les gemmes les plus belles avec les substances les plus communes. Elle prend un peu de charbon noir, sale et pulvérulent; elle en fait un diamant transparent, d'une dureté et d'un éclat sans pair, et d'un prix au-dessus de toute comparaison. Elle prend un peu de la glaise que le potier de terre et le faiseur de briques façonnent en ouvrages grossiers, puis, la colorant avec un peu de fer, elle produit un rubis, un saphir ou une topaze orientale. Un peu de caillou cristallisé avec quelques légers mélanges accessoires lui donne la topaze proprement dite, l'émeraude et l'améthyste. Plusieurs de ces dernières gemmes ont été reproduites par Ébelmen dans les fourneaux de Sèvres, comme sans doute la nature les avait élaborées dans ses vastes usines volcaniques par une de ces opérations mystérieuses qui ont valu au Vésuve le titre de *fabricant de cristaux.* Tout le monde connaît l'apostrophe chagrine de Jean-Jacques Rousseau, qui reprochait au chimiste Rouelle de détruire la farine en l'analysant, et qui lui demandait de faire de la farine avec les ingrédients chimiques qu'il y trouvait, plutôt que de détruire de la farine déjà toute produite. Qu'aurait-il dit s'il eût vu les chimistes faire avec un diamant un peu de charbon, comme ils eussent fait avec une petite branche de bois ou un petit morceau de sucre, sans pouvoir avec du charbon faire un diamant de prix ?

Les contrées les plus favorisées sembleraient donc être celles qui contiennent des mines de diamant ou de charbon cristallisé. Il n'en est rien. Les mines de Golconde et de Visapour dans l'Inde, du Brésil en Amérique, de l'Oural et de Bornéo, ne valent pas un de ces dépôts de charbon de terre dont la nature, un peu avare pour la France et encore plus pour la vaste Russie, a doté si libéralement la petite Belgique, l'Angleterre au territoire si restreint, et l'immense étendue des États-Unis, auxquels, suivant l'expression grecque, il ne manque rien. Là, le charbon de terre est si commun et d'une exploitation si facile, qu'on trouve de l'avantage à l'embarquer sur l'Ohio pour le transporter à la Nouvelle-Orléans, à près de deux mille kilomètres, plutôt que d'abattre les bois voisins de cette ville, qui sont aussi abondants que peu élevés en valeur. Pour fixer les idées, nous dirons que la riche Angleterre ne reçoit en pierreries (diamants et gemmes) qu'environ pour 12 ou 13 millions de francs chaque année, tandis qu'elle tire de ses mines de charbon de terre, tant en combustible vendu en nature qu'en combustible employé à produire du fer, la somme énorme de 500 millions de francs par an. Quelle mine précieuse que ce charbon, que ce diamant non cristallisé !

On trouve ordinairement le diamant empâté dans une sorte de ciment naturel rougeâtre, assez analogue à nos briques de terre glaise ferrugineuse. Quelquefois on brise la roche qui contient ce ciment ; d'autres fois on recueille le sable du fond des torrents ou bien la teffe qui a reçu les détritus des roches diamantifères, et au moyen de lavages successifs on exclut les pierres et le sable le plus grossier pour trier ensuite à la main ce qui reste de la quantité primitive soumise au lavage. Les diamants sont toujours voilés d'une espèce de dépoli qui semble attester l'action chimique de la formation cristalline. Presque tous les autres cristaux, et notamment le caillou cristallisé ou *cristal de roche*, ont un aspect infiniment plus brillant. Que M. Achard vous montre une sébile de diamants bruts, tout raboteux et tout ternes : vous ne concevrez de l'estime pour le contenu que quand il vous dira combien de fois 20,000 francs il y a dans cette assiette de bois ou de carton; mais que, vous ouvrant des paquets de papier blanc remplis de diamants travaillés, il fasse briller à vos yeux leurs mille étincellements et leurs feux d'arc-en-ciel, vous ne reconnaîtrez plus vos petits cailloux ternes de tout à l'heure. Si Socrate, qui considérait l'homme non instruit comme un bloc de marbre dont l'art devait ensuite tirer une belle statue, avait eu sous les yeux la transformation du diamant brut au moyen de la taille, il eût certainement adopté cette comparaison de préférence. Cependant la différence de prix entre le diamant non taillé et le diamant taillé est nulle, car si d'une part un diamant brut perd la moitié de son poids par la taille, il double de prix par cette opération, sans compter que la poudre qui résulte de ce qu'on lui enlève a encore dans les arts une valeur considérable, et qu'on l'emploie à polir plusieurs gemmes et le diamant lui-même.

Les anciens ne paraissent pas avoir soupçonné que le diamant pût être taillé; ils ne connaissaient que le diamant à pointes naturelles, ayant huit faces triangulaires et formant en tout sens une double pyramide. C'est un artiste de Bruges, nommé Louis de Berquen, qui, vers le milieu du XVe siècle, eut l'idée de le tailler en usant d'abord deux diamants l'un contre l'autre. En effet, si après avoir monté deux diamants naturels sur deux tiges ou manches en bois, on les frotter pointe contre pointe, on émousse peu à peu celles-ci, et on fait naître en place une face artificielle non polie. Le diamant, dans cette opération, fait entendre un bruit sec et aigre, comme on doit l'attendre d'une matière si dure, qui s'égrène péniblement. Cette face faite, il faut la polir; pour cela, on a une plaque ronde d'acier ou de fonte qui tourne rapidement comme une meule posée à plat. Il va sans dire que, si on appuyait le diamant sur cette espèce de meule, on mettrait plus d'un siècle à en polir une face. Tout ce qu'on obtiendrait, ce serait un sillon profond, une entaille circulaire que le diamant creuserait dans le fer ou l'acier. Pour user et polir la face posée sur la meule, Berquen eut l'heureuse idée de saupoudrer de poussière de diamant mouillée d'huile la surface de la meule sur laquelle le diamant était posé; alors l'effet désiré se produisit. La face obtenue par égrènement devint régulière et plane, puis ensuite elle prit un poli parfait : on fut donc maître de donner à un diamant toutes les facettes désirées. Des essais successifs indiquèrent la forme la plus avantageuse à choisir, et voici les deux tailles principales auxquelles on s'arrêta.

La première est celle qui porte le nom de *taille en brillant*. Il faut, pour cette taille, avoir un diamant à pointes, ou le ramener à cette forme par un travail préliminaire. Ensuite on abat un peu plus de la moitié de la hauteur de la pointe ou pyramide carrée qui est au-dessus, on abat environ un demi-quart de la hauteur de la pyramide d'en dessous, — et alors la lumière, entrant parla grande face que l'on a faite en dessus, allant frapper le fond formé par la petite face, revient en avant, puis, traversant les faces de côté, éprouve l'action connue sous le nom d'*effet prismatique*. On sait en quoi consiste cet effet : la lumière blanche se décompose dans les sept couleurs de l'arc-en-ciel, savoir le rouge, l'orangé, le jaune, le vert, le bleu, l'indigo, le violet, et ces couleurs, venant à l'œil, lui montrent le rayon rejaillissant teint des plus vives couleurs : c'est ce qu'on appelle les *feux* du diamant. Pour que cet effet se produise, il ne faut pas que la lumière éclairante soit trop volumineuse, car il y aurait recouvrement des diverses couleurs et reproduction du blanc. Il ne faut pas non plus que les facettes du diamant soient trop larges, car alors l'œil recevrait toutes les couleurs à la fois, ce qui reproduirait encore du blanc. Les gros diamants taillés à larges facettes, comme *le Régent*, qui appartient à la couronne de France, et le *Koh-i-noor*, qui appartient à celle d'Angleterre, sont taillés à facettes beaucoup trop grandes et trop peu nombreuses. Il aurait fallu remplacer la grande face d'en dessus, qu'on appelle la *table*, par une série de facettes plus petites taillées en échelons ou en retraite, comme on le fait pour les pierres de couleur. Je n'hésite point à prononcer que le diamant anglais, réduit par la taille à 102 carats ¾ ,[1] a été taillé suivant le système désavantageux des facettes peu nombreuses, lequel convient aux pierres de médiocre dimension.

Voici au reste le procédé infaillible par lequel j'étudie l'effet d'un diamant : je perce un carton blanc d'un trou un peu plus grand que la grosseur du diamant à essayer, puis, faisant passer un rayon de soleil au travers de ce trou, j'oppose à ce rayon la pierre à essayer en la mettant à une certaine distance du trou derrière le carton, mais de manière à ce qu'elle reçoive en plein le rayon solaire sur la face antérieure, où est la table. Aussitôt on voit le reflet de la

---

[1] Le carat anglais est de 205,4 milligrammes, et le carat français de 205,5 milligr.

table se marquer sur le carton par une figure blanche semblable à la table elle-même. Tout à l'entour sont de petites bandes irisées des couleurs primitives de la lumière, dont les principales sont le rouge, le jaune, le vert, le blanc et le violet. Alors, si les couleurs sont bien séparées dans ces petites bandes irisées, si le nombre de ces petites bandes est considérable, si elles sont espacées bien également autour du reflet blanc de la table, le diamant est bien taillé. Chacune de ces bandes donne un des feux du diamant, et l'on peut ainsi les compter. On pourra donc désormais exprimer pour un diamant le nombre, la qualité et la symétrie de ses feux, et étudier ultérieurement la taille la plus convenable à lui donner. C'est une étude qu'aucun physicien n'a encore tentée, et que j'ai toujours moi-même ajournée, étant (comme dit Homère) « pressé par un autre travail.»

Le procédé expérimental que je viens de décrire servira à vérifier l'effet attendu. En l'absence du soleil, une lampe électrique de Duboscq permettra de compter les feux de la pierre et d'en étudier la disposition.

La seconde espèce de taille, que l'on appelle, je ne sais pourquoi, taille en rose, consiste à laisser au diamant une large face plane en dessous et à recouvrir le dessus de plusieurs facettes pour obtenir par le reflet sur la face d'en dessous des feux semblables à ceux du brillant. On emploie cette taille pour des pierres de forme plate qu'on aurait trop diminuées de poids en les ramenant à la forme de brillant. C'est ainsi qu'était le diamant indien d'Angleterre, quand il a été présenté à la reine. En le taillant en brillant, on l'a réduit de 186 carats anglais à 103 environ. Je n'ai pas besoin de dire qu'au moyen de mon procédé on vérifiera l'effet de la taille en rose ainsi qu'on vérifie celui de la taille en brillant. Comme pour la taille en brillant, évitez les trop grandes facettes pour les diamants trop gros.

On n'est pas bien d'accord sur l'identité du diamant qui porte le nom de Sancy, l'un des capitaines de Henri IV. Tous les diamants auxquels on a donné ce nom pesaient de 55 à 70 carats; mais tous étaient taillés en poire aplatie presque ronde ayant la forme dite de *pendeloque*, et facetés en dessus et en dessous, avec une très petite table en dessus. Évidemment les rayons, entrant par les diverses facettes du dessus, vont se refléter sur les facettes du dessous et reviennent, en s'irisant, repasser par les diverses facettes du dessus. Plusieurs strass taillés ainsi m'ont donné d'admirables effets, et je crois que c'est d'après ce modèle qu'on aurait dû tailler, sans grande perte de poids, et le diamant royal d'Angleterre, et le beau diamant brut désigné sous le nom d'*Etoile du sud*, qui a été récemment présenté par M. Dufrénoy à l'Académie des Sciences. Cette taille, que je hasarderai d'appeler *taille Sancy*, mérite autant d'être étudiée que la *taille en brillant* et la *taille en rose*. M. Achard se propose de l'essayer d'abord pour le faux de strass) et ensuite pour le diamant.

L'industrie de la taille du diamant est complètement nulle en France. Il n'existe aujourd'hui à Paris qu'un seul diamantaire, arrivé récemment de Hollande. Tout se taille à Amsterdam. Cependant les Français semblent être nés pour tout ce qui exige de la dextérité et du goût. C'est ainsi que la fabrication des glaces et des meubles ornés d'incrustations n'a pu nous être enlevée ni par les Anglais, qui, faisant très bien, produisent à un trop haut prix, ni par les Allemands, qui travaillent à bas prix, mais sans élégance. Il nous manquerait, dit-on, les matières premières, et il nous faudrait des traités avec le Brésil, qui produit aujourd'hui presque tout le brut arrivant sur les marchés d'Europe, et avec les grandes Indes, qui n'ont guère de princes indépendants de l'Angleterre. Cependant on voit chez M. Halphen des diamants à pleines sébiles, dont la taille pourrait occuper plusieurs ouvriers français. Ne pourrait-on donner à ces ouvriers quelques subventions en logement ou en outils qui leur permissent de travailler à prix convenable pour les importateurs de diamants ? Cette idée était déjà celle de M. Achard, qui en a étudié la réalisation. Le travail exquis du strass à Paris est garant de ce que feraient les ouvriers français en fait de taille dure. En attendant, j'apprends que le pauvre Gallais, le dernier diamantaire français, est mort de faim, comme tous ceux qui l'ont précédé à Paris.

Si un seul point lumineux multiplié par les facettes du diamant produit plusieurs feux colorés, il est évident qu'avec plusieurs points lumineux on obtiendra des feux bien plus nombreux et plus agréables à l'œil. C'est ainsi que l'illumination aux bougies : ou aux petits becs-de-gaz à nu est infiniment plus favorable à l'éclat des diamants que l'illumination par des lampes ou becs de gaz entourés de gros globes de verre dépoli. Il y a quelques années, c'était la mode (qui peut-être subsiste encore) pour les dames parées qui assistaient à l'Opéra d'aller pendant l'entr'acte prendre des glaces dans les salons de Tortoni. La pièce d'entrée, sans doute pour éviter l'effet du vent, était éclairée par des lampes à globe ; la seconde l'était par un lustre à bougies. Or, en suivant de l'œil la marche d'une dame couverte de diamants et passant d'une pièce à l'autre, il se faisait à l'entrée de la pièce illuminée par des bougies une radiation telle que l'œil le plus distrait en eût été frappé, et l'on a pu entendre plus d'une fois une exclamation d'étonnement à la vue d'un : effet si inattendu. Ajoutons que, dans les soirées de contrat où l'on expose l'écrin de la fiancée à la curiosité du public, on met souvent deux grosses lampes pour éclairer la table sur laquelle est posé cet écrin. C'est une maladresse. Faites apporter deux candélabres de quatre ou cinq bougies chacun, et vous changerez comme par magie l'effet des diamants, dont l'ensemble fera tout de suite ce qu'on appelle *parterre* ou *corbeille de fleurs*.

Lorsque j'ai été invité à voir des collections d'amateur qui renfermaient un beau diamant princier (au-dessus de 10 carats), je me suis donné souvent le plaisir de lui faire produire tous ses feux en allumant devant une glace posée sur une cheminée de marbre huit ou seize bougies. Le reflet de la glace doublait le nombre des bougies ; alors, en tournant le dos à la glace et tenant le diamant à la hauteur de la tête, en face de l'œil, on obtenait, en le secouant haut et bas et le faisant miroiter, des effets ravissants et tout à fait inconnus au propriétaire. Si ce bel effet eût été connu du prince Potemkin, qui jouissait en sybarite de la société de ses beaux diamants, avec lesquels, dit-on, il se délassait des ennuis de la grandeur, je ne doute pas qu'il n'eût encore obtenu plus de plaisir de sa contemplation favorite. Je ne pense pas apprendre quelque chose aux dames qui tiennent à faire briller leurs riches parures en leur conseillant de donner la préférence aux salles illuminées par des lustres à bougies. Bans les vastes appartements des Tuileries, rien n'est plus facile à remarquer que le désavantage des diamants dans celles des salles qui sont illuminées par des globes dépolis. La marche, la danse et tous les mouvements du corps, quelque légers qu'ils soient, sont aussi très favorables au jeu des feux de cette belle et précieuse gemme.

On a remarqué que le prix des diamants est resté à peu près invariable depuis plusieurs siècles. Le diamant parfait pesant un carat (205 milligrammes 1/2) se paie environ 200 fr.; s'il pèse le double, on double deux fois ce prix, ce qui fait d'abord 400 fr, puis, doublant encore, 800 fr. Un diamant de 10 carats vaudrait dix fois 200 fr. ou 2,000 fr, puis, décuplant toujours, on aurait 20,000 fr. ; ce serait plus qu'un beau solitaire. Quoiqu'il n'entre pas dans notre plan de parler de la mise en œuvre des diamants et de la manière de les monter, ce qui est à proprement parler de la joaillerie ou de la bijouterie, nous dirons que récemment on a obtenu d'admirables effets, et avec une grande économie de prix, en substituant à une pierre très grosse et très chère une pierre de dimensions moindres entourée de huit brillants d'un carat. En supposant au milieu une pierre de 4 carats, dite *milieu de collier*, valant 3,200 fr, et 8 carats à l'entour valant 1,600 fr, on aura pour 4,800 francs un effet égal à la pierre unique de 10 carats, dont la valeur est de 20,000 à 25,000 francs.

Les mines de l'Inde, à Golconde, à Raolconde, à Visapour, ont été longtemps en possession d'approvisionner de diamants le marché du monde entier. Plus tard, le Brésil apporta ses produits, presque toujours marqués d'une légère teinte jaunâtre, qui contrastait avec le blanc parfait des diamants indiens. C'est aujourd'hui le Brésil qui envoie en Europe par l'Angleterre tous les diamants qui, après avoir été portés à la taille à Amsterdam, reviennent à Londres et à Paris, pour être montés et mis dans le commerce. Bornéo fournit aussi quelques centaines de carats. M. de Humboldt avait conjecturé, d'après la nature géologique des monts Oural, qu'il devait s'y trouver des diamants, et l'expérience a justifié la théorie. Il ne paraît pas cependant que ces gisements soient exploités comme mines productives. L'Algérie avait été signalée comme donnant quelques diamants, et l'on en avait vu quelques-uns entre les mains d'amateurs de minéralogie à Paris; ces envois, provenant de gisements vrais ou supposés, n'ont point eu de suite. On peut en dire autant jusqu'ici de l'Australie et de la Californie. En général, la quantité des diamants en circulation paraît augmenter dans la même proportion que la population humaine qui est appelée à les posséder, ce qui rend leur prix à peu près constant. Une panique due à la découverte de nouveaux gisements au Brésil avait, vers 1845, fait baisser momentanément la valeur de cette gemme; mais l'équilibre s'est promptement rétabli, et aujourd'hui à Londres, comme à Paris, le carat a repris sa valeur de 200 fr. environ.

Le nombre des pierres qui surpassent eu poids 100 carats est excessivement restreint. On estime que sur dix mille diamants il ne s'en trouve qu'un pesant 10 carats, et par suite méritant le nom de diamant princier. La Russie, la France, la Toscane, l'Angleterre, ont des diamants d'une grosseur au-dessus de 100 carats. Le premier pour la beauté est de beaucoup *le Régent*, ainsi nommé parce que c'est au régent qu'on en doit l'acquisition. Tous ces diamants viennent de l'Inde. *L'Etoile du sud*, dont nous avons déjà parlé, et dont le brut a été montré le 3 janvier dernier à l'Académie des Sciences, est venue du Brésil, et sort de l'une des mines nouvelles qui avaient momentanément fait baisser le prix du diamant. Elle a été trouvée en juillet 1853 et pèse 254 carats 1/2. Ce diamant m'a paru parfaitement limpide et exempt de la teinte reprochée anciennement aux diamants du Brésil. La taille en brillant le réduira à moitié, et le mettra à peu près au poids du *Régent*, qui est de 136 carats 1/2. La taille en forme du *Sancy* lui aurait laissé, je pense, les trois quarts de son poids et lui aurait donné beaucoup plus de feux. Quand j'ai voulu en parler à M. Halphen, *l'Etoile du sud* était déjà partie pour Amsterdam. Elle figurera à l'exposition universelle de Paris cette année. On estime qu'elle pèsera environ 127 carats. Ce sera le cinquième des diamants souverains que la nature aura cédés à l'activité intéressée de l'homme. Tout indique sérieusement que le nombre de ces beaux minéraux est très restreint. Si l'on n'en trouve pas plus, c'est qu'il n'y en a guère, ce qui rappelle le mot de Tacite sur les perles d'Angleterre, savoir que la nature manque plutôt à ces produits que l'avidité aux hommes.

Bornéo n'a point encore envoyé de diamant considérable en grosseur. Il est vrai que les impénétrables forêts de cette belle île équatoriale n'en permettent guère le parcours. Le dernier numéro des publications de la société de géographie de Londres indique environ 2,000 carats pour le produit annuel des mines de Bornéo, qui n'ont encore donné qu'un diamant de 36 carats. Le monopole du gouvernement hollandais est indiqué comme peu avantageux (*profitless*) à cette puissance, et sans doute, comme au Brésil, la contrebande soustrait une portion considérable des produits. En vérité, si les Hollandais, comme les Américains des États-Unis, *envahissaient* leur propre territoire, ils décupleraient facilement leur population; mais cette question nous mènerait trop loin : elle n'est pas cependant étrangère à notre sujet, car la valeur d'un produit naturel dépend de ce qu'on appelle si justement aujourd'hui *le marché*, c'est-à-dire du nombre et de la richesse des acheteurs. C'est ce qu'a très bien établi M. de Humboldt dans l'appréciation des métaux précieux. Ainsi les Etats-Unis auront à la fin de ce siècle cent millions de citoyens, non pas de ces malheureux qu'une industrie surexcitée entasse dans les usines de Londres, de Manchester, de Liverpool, de Birmingham, et dont l'existence est liée à celle de l'industrie elle-même, mais bien de riches conquérants d'un sol fertile et généreux, qui, appelés par le travail aux jouissances nobles de la vie, entreront en partage des richesses commerciales de l'humanité, et feront hausser la valeur des objets de luxe.

Le rang qu'occupe un diamant souverain ne doit que secondairement être fixé d'après son poids. S'il n'est pas d'une belle eau, parfaitement pur, incolore et limpide, il ne peut prétendre au premier titre. De même, si sa taille est imparfaite et ses feux peu éclatants, il aura besoin d'être retaillé pour être parfait, et il devra perdre de son poids dans cette opération. *Le Régent* et le *Koh-i-noor* sont égaux en beauté; mais *le Régent*, de 136 carats, l'emporte de beaucoup en poids sur son rival, qui, d'après une note manuscrite de M. Tennant, a été réduit de 186 carats 1/16 à 102 carats 1/2 1/4 1/16. Le diamant de Toscane est d'une mauvaise couleur jaune citrin. Le gros diamant de Russie est à peu près informe. On le compare à un œuf de pigeon coupé en deux, avec des facettes sur tout son contour. Ce n'est donc qu'une pierre dégrossie, une espèce de lourde rose infiniment trop épaisse. Si le *Koh-i-noor* et *l'Etoile du sud* eussent été taillés dans la forme du Sancy, il est probable qu'ils eussent, avec des feux et une qualité pareils à ceux du *Régent*, conservé un poids supérieur. *L'Etoile du sud*, d'une forme avantageuse et d'une très belle eau, pesait, au moment où je la pris, à l'Institut, des mains de M. Dufrénoy, 154 carats 1/2! On pense la réduire à 127 carats environ. Quel dommage! Qu'on me permette encore de revenir sur la taille en forme de *Sancy*, et de faire observer que cette taille, qui laisse toujours la facilité d'arriver ensuite à la taille en brillant, se prêterait merveilleusement à des essais préliminaires, et qu'il serait prudent, pour des valeurs si considérables, de ne sacrifier qu'à la dernière extrémité l'immense quantité de substance qu'enlève la taille ordinaire dans des pierres qui ont la forme du diamant indien ou du diamant du Brésil. J'ai vu le modèle de la forme que doit prendre par la taille ce dernier diamant à Amsterdam. Ce sera, comme le *Koh-i-noor* dans sa forme actuelle, une *pierre d'étendue*, c'est-à-dire trop peu épaisse pour sa largeur vue de face. En comparant le diamant anglais avec le modèle de 100 carats donné par Jeffries, on trouve que son étendue de face est à peu près le *double* de ce qu'elle devrait être pour un diamant taillé régulièrement.

Ce sera une chose curieuse que de suivre le sort futur de *l'Etoile du sud*. Après avoir brillé à l'exposition française, quel nom prendra ce diamant souverain ? S'appellera-t-il Albert ou François-Joseph ? Les fiers Américains, estimateurs de toute valeur commerciale, ambitionneront-ils la possession d'une des rares productions du globe ? — Comment avez-vous pu mettre un prix si exorbitant à cette belle perle ? disait Philippe II à un simple marchand arrivant de l'Orient. — Sire, je pensais qu'il y avait au monde un roi d'Espagne pour me l'acheter !

Nous avons jusqu'ici fait une bien petite part à la science, et pourtant les pierres précieuses, — et en général tous les cristaux, par leurs formes géométriques, par leurs propriétés mécaniques, par leur nature chimique, par leur poids, leur couleur, leur action sur la lumière, leur électricité, — nous offrent un développement immense d'applications de la physique des plus délicates et des plus savantes. Un cristal s'offre sous une forme régulière; Haüy le conçoit comme un assemblage de petites parties de forme semblable entre elles et disposées d'une certaine manière, à peu près comme on peut supposer un massif ou une pyramide composée de briques d'une certaine forme déterminée assemblées régulièrement. Avec ces petits éléments, il forme le cristal géométriquement; il examine si l'on ne pourrait point les arranger autrement, ce qui donnerait, pour la même substance, un cristal d'une autre structure. La nature lui répond qu'elle a réalisé d'avance sa spéculation théorique, et lui montre un cristal de cette nouvelle forme. Si le calcul et la géométrie trouvent dix, trente, cent figures géométriques possibles avec la forme primitive des briques ou éléments primitifs, la chimie et la minéralogie fournissent des cristaux de la forme prévue mathématiquement. Enfin les formes déclarées impossibles par l'analyse ne se rencontrent jamais dans la nature ni dans les produits du laboratoire. M. Tennant me fournit l'exemple utile que voici : un *gentleman*, en Californie, voit une pierre à six pans avec deux pointes en pyramide aussi sexangulaire. Cette pierre est brillante, blanche et d'un vif éclat; ce ne pouvait être un diamant, puisque celui-ci n'admet que des pointes à quatre pans et non à six. Cette pierre raie le verre. Ne doutant pas que ce puisse être autre chose qu'un beau diamant, le gentleman en offre 200 livres sterl. (5,000 francs). Heureusement que le propriétaire de la pierre, tout aussi ignorant et tout aussi honnête que l'acheteur, refuse un si bas prix! Plus tard, le même échantillon, qui était du cristal de roche, fut consigné dans une collection minéralogique au prix de 2 ou 3 francs.

La dureté est encore un caractère mécanique qui distingue les pierres fines, et qui peut être étudié dans les cristaux, ainsi que ses variations, suivant les divers sens où l'on veut entamer la pierre. Dans la taille du *Koh-i-noor*, il y eut des facettes qui demandèrent un jour de travail, tandis que communément on les produisait en trois heures : encore fallait-il augmenter la vitesse de rotation de la roue qui portait la poudre de diamant. Dans un essai fait il y a quelques années aux frais de l'Institut, un diamant noir de Bornéo, dont on voulait éprouver la dureté, fut remis au diamantaire Gallais. Il y usa une roue d'acier et une grande quantité de poudre de diamant ordinaire sans pouvoir l'entamer le moins du monde. La pierre n'y perdit aucune de ses aspérités, quoique chargée d'un poids considérable et chauffée à blanc par le frottement, qui faisait jaillir des étincelles de la roue d'acier, laquelle fut mise hors de service. Il eût fallu, pour cette substance si intraitable, de la poudre d'autres diamants noirs, égrenés l'un contre l'autre. Cette *égrisée* de diamants noirs sera sans doute quelque jour employée avec avantage pour la taille des diamants ordinaires.

Tout le monde a vu un vitrier, armé d'une petite pointe de diamant, tracer sur le verre un imperceptible sillon qui en fend la croûte et qui permet ensuite de le diviser par éclatement. On pense que les anciens, en gravant sur des pierres très dures, telles que le rubis et le saphir, se sont servis de pointes de diamant comme de burin, et le fini de quelques parties rentrantes des camées et des intailles antiques autorise cette présomption. Voilà encore un art perdu pour la France! Qui le fera renaître ? Depuis les derniers encouragements donnés à la gravure sur pierre dure par l'impératrice Joséphine et par Napoléon, tout nous est venu de l'Italie, et il n'y a pas un seul monument glyptique des règnes qui ont suivi l'empire.

Le diamant est plus lourd que le cristal de roche et plus léger que le saphir blanc. Il est à peu près du même poids que la topaze blanche du Brésil appelée *goutte d'eau*. Il est souvent confondu avec ces trois pierres, blanches comme lui. Voyons comment le poids l'en fera distinguer. C'est ici précisément le problème de la couronne proposé par le roi Hiéron de Syracuse au savant Archimède, son parent. Suspectant la fidélité de l'orfèvre Démétrius, qui avait été chargé de faire une couronne votive de douze livres en or pour une offrande à Jupiter, le roi Hiéron désira que, sans endommager le travail précieux de l'artiste, on vérifiât si tout l'or fourni avait été employé. Après bien des réflexions, Archimède pensa que plus les corps étaient compactes, moins ils déplaçaient d'eau, et moins ils avaient de tendance à flotter; en d'autres termes, ils devaient perdre dans l'eau une moindre partie de leur poids. Or Archimède trouva que, pour faire l'équivalent de la perte de poids de la couronne pesant douze livres, il fallait peser dans l'eau onze livres d'argent et une livre d'or. Il fut donc constaté que Démétrius, plus habile qu'honnête, avait substitué onze livres d'argent à pareil poids d'or. On ne dit pas s'il fut mis au bagne de Syracuse.

Maintenant on sait qu'en attachant par un fil très fin, au-dessous d'une balance délicate, un diamant véritable, et en équilibrant la balance, on trouve ensuite le diamant moins pesant des deux septièmes de son poids au moment où on le plonge dans un verre d'eau placé sous cette balance. Il faut donc alors remettre des poids du côté du diamant immergé pour rappeler l'équilibre. Ainsi un diamant qui pèserait 21 centigrammes perdrait dans l'eau environ 6 centigrammes. Un saphir blanc du même poids ne perdrait qu'un quart de son poids dans l'eau, c'est-à-dire environ 5 centigrammes. Un morceau de cristal de roche dans le même cas perdrait 8 centigrammes. Ainsi, dès que la perte dans l'eau pour un cristal quelconque s'éloigne des deux septièmes du poids de la pierre, on peut assurer que ce n'est pas un diamant. Nous verrons tout à l'heure comment le diamant se distingue de la topaze blanche, qui, comme lui, perd dans l'eau les deux septièmes de son poids.

Les opérations chimiques étant en général trop difficiles à faire et occasionnant la destruction de la substance que l'on y soumet, nous ne dirons rien de ces procédés, et nous indiquerons un caractère optique fort délicat, qui trace tout de suite une ligne de démarcation entre le diamant et toutes les gemmes sans couleur. Il s'agit de la double réfraction. Ce mot signifie qu'en regardant au travers d'une pierre transparente un objet délié, comme la pointe d'une aiguille ou un petit trou percé dans une carte, on voit quelquefois l'objet double, comme si on eût tenu à la main deux aiguilles au lieu d'une, ou bien que l'on eût percé deux petits trous à côté l'un de l'autre. Or c'est ce que l'on observe avec toutes les gemmes blanches ou incolores, et jamais avec le diamant. Ce caractère exclut donc immédiatement du rang des diamants toute pierre qui double ainsi les objets. Comme il est besoin d'un peu de dextérité et d'exercice pour bien montrer cette curieuse propriété, on pourra fixer la pierre et l'aiguille sur un léger support avec de la cire à modeler, et montrer commodément l'effet aux intéressés. M. Haüy a souvent eu à donner des consultations de ce genre, et il a été aussi appelé quelquefois comme expert judiciaire dans des cas de vente frauduleuse. La topaze blanche du Brésil ou goutte d'eau double les objets, et sa double réfraction la fait reconnaître tout de suite pour un diamant faux. J'ai toujours conservé un pénible souvenir de la visite d'un Anglais de distinction amené chez moi par un cicérone des plus brillants hôtels de Paris. Ce voyageur avait dans un petit écrin une magnifique goutte d'eau, qui eût été un diamant d'un immense prix. Il me fut facile, d'après la taille de la pierre, d'y reconnaître le doublement de l'aiguille vue au travers; mais je ne pus le faire observer au propriétaire de la pierre avant d'avoir fixé l'aiguille et la topaze sur une petite règle de bois avec de la cire verte, tant ses mains tremblaient convulsivement. Au moment où il aperçut l'aiguille doublée, sa vue se troubla complètement, car je lui avais d'avance expliqué la portée de ce caractère optique que le diamant ne possède jamais. Le cicérone, qui déjà avait très bien vu la double image en tenant la pierre à la main, s'extasiait avec un sang-froid cruel sur la netteté de vision et la parfaite certitude de la duplicature annoncée. Après être resté assis quelque temps dans un état d'insensibilité maladive, le *gentleman* prit congé tout à coup de moi, sans doute parce qu'il se trouvait mal. Quelques minutes plus tard, le cicérone m'apporta sa carte et ses excuses de son brusque départ, en disant que celui qu'il m'avait amené se trouvait un peu remis de son émotion. Je n'ai jamais su quel intérêt si grand j'avais compromis en déterminant la nature de sa pierre. On voit dans l'ouvrage de Mawe que le saphir blanc et la topaze blanche ont un prix plus élevé à cause de l'intention quelque peu frauduleuse (*somewhat fraudulent*) de les faire passer pour des diamants. Mawe aurait pu y ajouter le zircon blanc, qui ressemble bien mieux au diamant, mais qui est encore plus lourd que le saphir. Faire passer un saphir blanc ou un zircon que l'on porte en bague pour un vrai diamant, c'est une vanité peu sincère; mais le vendre pour un vrai diamant, c'est un vol.

J'appelle un chat un chat, ce vendeur un fripon.

Et, malheureusement pour ces honnêtes vendeurs, les tribunaux sont de mon avis.

Je n'ai pas besoin d'ajouter que le zircon blanc a, comme la topaze et le saphir, la double réfraction qui manque au diamant, et même cette pierre la possède à un très haut degré. Ce caractère d'exclusion a de plus ceci de très avantageux, qu'il s'observe sans démonter la pierre, sans aucun appareil compliqué. Il ne s'agit que d'un peu d'exercice pour apprendre à voir. C'est payer bien peu une certitude bien importante. ,

Les diamants sont susceptibles d'être colorés de diverses manières, quoiqu'ils soient le plus ordinairement incolores. Une teinte légère en diminue beaucoup le prix : tel est le cas du diamant de Toscane et un peu du gros diamant russe; mais, quand les couleurs sont vives et riches, ils sont très recherchés comme pierres curieuses. Le marquis de Drée en possédait plusieurs de ce genre, et notamment un diamant d'un très beau rose. Les pierres qui ont cet avantage spécial sont assez bien nommées *pierres d'affection*, et réellement leurs propriétaires éprouvent pour elles un sentiment qui ne peut guère admettre d'autre nom. Il y avait dans les diamants de la couronne de France un diamant bleu triangulaire de plus de 60 carats, qui était signalé comme de la teinte saphir la plus exquise et la plus pure. Ce diamant a disparu au moment du vol. des diamants de la couronne, parmi lesquels *le Régent* seul a pu être recouvré, sans doute à cause de la difficulté de le vendre secrètement. On cite, comme un fait remarquable dans les singularités de l'esprit humain, que l'auteur de ce vol jouissait au bagne parmi ses confrères d'une considération proportionnée à l'importance du vol qui l'y avait conduit. Où la considération va-t-elle se *nicher* !

Mais la merveille des diamants colorés, c'est le diamant bleu de M. Hope, dont la figure a été gravée dans le livre de l'exposition de Londres. Mawe qualifie cette pierre de *superlativement belle*. Elle pèse 44 carats 1/4, et, suivant M. Tennant, unit la belle couleur du saphir aux feux prismatiques et à l'éclat du diamant. Tous ceux qui, dans nos brillantes assemblées de nuit, ont étudié le jeu et l'effet des pierres précieuses ont dû remarquer que le saphir, si beau dans le jour et sous les rayons du soleil, devient, ainsi que le grenat, terne et sans éclat à la lumière des lampes, des bougies et du gaz. Il serait curieux d'observer si le même effet se produit avec le diamant bleu de M. Hope, dont je n'hésite pas à placer la valeur à côté de celle des diamants souverains, qu'il surpasse, sinon en poids, du moins en rareté. Ce serait trop peu d'appeler, avec les amateurs, ce diamant une *pierre d'affection*; il faudrait aller avec lui à la tendresse, à la passion même! J'ai vu, il y a fort longtemps, chez M. Bapst un diamant dé- signé sous le nom de *diamant noir*. Il avait la teinte bistrée du jus de tabac, et ne se recommandait guère que par la singularité. Il avait été retenu par Louis XVIII pour la couronne au prix de 24,000 fr.; mais il n'avait pas été livré. Ces diamants sont toujours taillés très minces, car à quoi servirait l'épaisseur à une pierre qui n'est pas transparente ? Du reste, l'éclat superficiel en était fort vif. Si ce diamant était devenu pour un amateur une pierre d'affection, on conviendra qu'il ne faut pas disputer des goûts. Il est curieux de voir Pline employer le même mot à l'occasion de Nonius, possesseur d'une belle opale, qui aima mieux quitter Rome comme proscrit que de céder à Antoine sa pierre d'affection. « C'est une étonnante férocité de la part d'Antoine, dit Pline, que de proscrire un citoyen à cause d'une gemme; mais l'entêtement de Nonius n'est pas moins prodigieux, car plutôt que de s'en dessaisir il *affectionnait* sa proscription (*proscriptionem suam arnantis*). » En lisant du reste les interminables listes des propriétés merveilleuses des gemmes dans les compilateurs qui ont précédé le XVIIe siècle, on s'expliquera le prix que certaines personnes pouvaient autrefois attacher à la possession d'une pierre. Parmi les curiosités que les princes indiens, grands amateurs de diamants, recherchent avec soin, j'ai vu un petit diamant naturel, à pointes vives et à surfaces brillantes, enchâssé dans le ciment rouge qui enveloppe ordinairement les diamants dans la mine. Ce ciment, de la grosseur d'une petite noisette, portait à son milieu le petit diamant enchâssé. C'était en même temps un curieux échantillon minéralogique.

Mawe établit par plusieurs exemples que de toutes les valeurs la moins variable est le diamant. Il cite diverses crises dans la quantité des diamants que reçoit l'Angleterre, crises qui, quant au prix, ont été assez légères ou peu durables. On a eu deux exemples de paniques plus graves depuis 1840. Le premier, ce fut à l'époque de la découverte des nouvelles mines du Brésil, vers 1843 et 1844; le second fut en France la secousse financière amenée naturellement par la république de 1848. Le prix des diamants suivit alors exactement le cours de la rente, haussant et baissant dans la même proportion. Ce prix est maintenant au-dessus de 200 francs le carat, prix indiqué par Jeffries, car il atteint 250 francs environ. M. de Castelnau, dans son voyage à travers l'Amérique du Sud, semble indiquer, comme cause de l'abaissement du prix des diamants à cette époque, un moindre goût de la société pour des parures frivoles. Si pour voir déprécier le diamant il faut attendre que le goût du luxe, l'ostentation, les rivalités jalouses et envieuses, le désir de briller, la cupidité même, aient disparu de, âmes, le riche commerce des diamants à Paris et à Londres peut être rassuré pour bien des siècles.

Sans recourir aux *Mille et Une Nuits* et aux légendes du moyen âge, où l'on voit les gnomes et les griffons, gardiens jaloux des trésors de la terre, forcés par la puissance de la cabale d'en faire part aux mortels privilégiés, il est évident qu'une valeur considérable attachée à une petite quantité de substance matérielle doit occasionner de singulières péripéties. Je ne sais sur quel fondement Mawe dit que Sieyès, ambassadeur à Berlin, obtint une alliance offensive et défensive en faisant briller aux yeux du roi de Prusse les feux du *Régent*, dont il laissait espérer la cession. Plusieurs fois les pierreries des souverains et des républiques ont été engagées et mises en dépôt comme garanties de sommes prêtées ou de dépenses faites. Ces transactions n'offrent qu'un médiocre intérêt. On aime mieux voir un pauvre jardinier de Golconde trouver dans la terre de son jardin un beau diamant qui lui donne l'aisance, à lui et à sa famille, et qui ouvre à toute la contrée une source de richesses. On aime mieux voir une pauvre négresse découvrir l'*Etoile du sud* en juillet 1853, en lavant les sables de la mine brésilienne de Bagagen. Les anciens avaient préposé leur Hercule à la découverte des trésors. Peut-être avaient-ils voulu dire que la force active et la patience infatigable nous conduisent à de vrais trésors. Quoi qu'il en soit, jamais chez eux la découverte d'une gemme ne fut mise au rang des trouvailles dues à la faveur d'Hercule; *dives amico Hercule.*

Une anecdote de fidélité honorable s'attache au Sancy, rapporté de Constantinople dans une ambassade par un seigneur de ce nom et payé 600,000 livres. Pendant les nombreuses années où Henri IV, après la mort de son prédécesseur, fut plutôt prétendant au trône de France que roi en réalité, plusieurs des seigneurs de son parti vinrent à son secours par des services pécuniaires, et entre autres le baron de Sancy. Le diamant de ce nom fut remis à un domestique, qui, avec d'autres valeurs, fut dépêché vers Henri IV. Au milieu de la confusion et du brigandage qui désolait alors la France, ce messager fut attaqué et assassiné. Son maître fut longtemps sans savoir ce qu'il était devenu enfin, à force de recherches, on apprit qu'il avait péri dans une commune rurale, et que par les soins du curé il avait été enterré dans le cimetière de la localité. Des témoignages de condoléance furent adressés au baron de Sancy sur la perte du diamant confié à son domestique. « Détrompez-vous, messieurs, leur dit-il; dès que je sais où est le corps de mon homme, mon diamant est sauvé. » En effet, on retrouva dans le corps du fidèle domestique le diamant qu'il avait avalé pour le mettre en sûreté.

Je puis citer un autre fait qui m'est personnel. Un jeune commerçant en objets de curiosité, que j'avais prié de faire retailler pour moi un assez beau diamant à Amsterdam, y fit ce qu'on appelle de mauvaises affaires, et revint à Paris dans un tel état de détresse, que durant les derniers jours de son voyage, au retour, il fut obligé de manger des fruits sauvages et de coucher en plein air. J'allai le voir quelques jours après, et le trouvai dans un logis parfaitement dénué de tout meuble, couchant à terre sur un peu de paille, avec quelques débris de vieilles tapisseries pour couvertures. L'entrevue eut lieu debout, faute de sièges. Après une assez longue conversation, il réclama le prix que lui avait coûté l'amélioration de mon diamant, et me le rendit le plus simplement du monde. Au reste, la fortune lui a souri depuis cette triste époque, et je désire y voir une récompense providentielle de sa probité et de sa délicatesse.

Avant de passer à la question de la possibilité de faire artificiellement du diamant, je dirai que ces beaux produits de la nature sont sujets à être fort dépréciés par des corps étrangers, par une cristallisation imparfaite, enfin par tout ce qui peut nuire à la limpidité de la pierre. On doit admettre que des diamants choisis par un connaisseur auront une valeur double de celle des pierres imparfaitement taillées ou remplies de défauts intérieurs. Il importe donc beaucoup à ceux qui veulent acheter de ces parures si chères de s'adresser à des lapidaires ou à des joailliers habiles et incapables de tromper ceux qui leur accordent leur confiance.

On a presque recherché avec autant d'activité l'art de faire du diamant que celui de faire de l'or. La question n'est pas la même en principe; car faire du diamant, c'est seulement faire cristalliser le carbone ou charbon, comme on fait cristalliser tant d'autres substances, tandis que les alchimistes prétendaient changer la nature même des corps et faire de l'or de toutes pièces. Dès que la chimie moderne eut brûlé le diamant et que les produits de la combustion se trouvèrent les mêmes que ceux de la combustion du carbone, on dut espérer qu'en choisissant des composés convenables de charbon, qui abandonneraient lentement et dans un grand calme le charbon qu'ils contiennent, celui-ci se déposerait en formes régulières et cristallines. C'est ainsi que le sel ordinaire, le sucre, l'alun, se déposent au fond de l'eau qui les contient, quand celle-ci s'évapore lentement et sans trouble. A ce point de vue, il existe une substance curieuse qui donnait de grandes espérances. On ne se figure pas en général qu'en unissant ensemble du charbon et du soufre, il en résulte un liquide incolore tout à fait semblable à de l'eau et ne contenant expressément que du charbon et du soufre. Si donc par un procédé quelconque on eût pu retirer lentement le soufre en tout ou en partie, on pouvait s'attendre à voir le charbon se déposer à l'état cristallin. Cet espoir a été déçu. Bien d'autres tentatives n'ont pas eu un plus heureux succès, en sorte qu'aujourd'hui la question, pour beaucoup de personnes, paraît désespérée. Un de nos confrères de l'Institut, M. Despretz, n'en a pas jugé ainsi. Au moyen de la pile de Volta, il a obtenu, sur des fils de platine, de légers dépôts cristallins qui semblent, par leur forme et leur dureté, être de vrais diamants embryonnaires. Ces cristaux, — disons mieux, cette poussière de diamant a poli les pierres dures, comme le fait la poudre ordinaire de diamant appelée *égrisée*. La question scientifique est donc à peu près résolue; mais l'actif académicien n'en est pas resté là : il a organisé, on peut dire par centaines, des appareils propres à faire précipiter et cristalliser le charbon sous l'influence électrique, agent qu'il est habitué dans ses recherches à faire obéir et fonctionner à son gré. Tout Porte donc à croire que le résultat de travaux si persévérants et si consciencieux sera la cristallisation du charbon ou la fabrication du diamant.

Quand bien même ce résultat ne serait pas utile au commerce, il le serait beaucoup à la science, que cette substance semble défier. De plus la nature ne nous offre nulle part le diamant en place : il est toujours dans des terrains de transport, ce qui ne nous donne aucune lumière sur sa formation en cristaux dans le principe. Une chose qui semble confirmer les vues de M. Despretz, c'est qu'au Brésil, à côté des diamants, on trouve la curieuse substance, aussi dure que le diamant, que les portugais appellent *carbonado*. Le commerce de Paris appelle tout simplement cette substance du *carbone*. Voici ce qu'en dit M. Tonnant à l'occasion des mines du Brésil : « On y trouve une quantité considérable d'une substance noire, d'une pesanteur spécifique semblable à celle du diamant, mais lamellaire, ou plutôt composée d'une suite de plaques lamellaires, mais en général brisée en fragments séparés. Cette substance est trop imparfaitement cristallisée pour être taillée, quoiqu'elle possède par places l'éclat du diamant, et on peut la réduire en poudre pour polir les autres pierres. Ceux qui l'ont découverte l'ont nommée *carbonade* à cause de son apparence analogue à celle du charbon. » Ne serait-ce point là le produit naturel obtenu artificiellement par M. Despretz, indépendamment des parties cristallisées de ses produits chimiques, lesquelles sont sans doute de vrais diamants très petits ? Tout le siècle de Louis XIV a cru à la possibilité de faire croître en grosseur des diamants naturels déposés dans certains liquides, comme on fait croître des cristaux de

I. Du Diamant

sel dans une solution de cette même substance. M. Despretz a sans doute pensé à cette influence bien connue qu'exerce un cristal déjà formé pour appeler autour de lui et faire déposer régulièrement des particules analogues aux siennes. Voilà le passé, le présent et l'avenir de la science en ce point. Attendons.

Il y a déjà plusieurs années que des annonces prématurées, relatives à une production de diamant prétendue facile, mirent en émoi tout le commerce de Paris. Le baron Thénard, notre célèbre chimiste, rassura par un examen expérimental les marchands et les familles alarmés sur les valeurs considérables ayant pour base cette reine de toutes les gemmes. Depuis cette époque, la richesse de la France s'est beaucoup accrue et s'accroît chaque jour. Les diamants, plus encore en France qu'en Angleterre, représentent un immense capital. Suivant la remarque de M. Achard, il n'est aucune valeur mobilière qui, étant revendue, éprouve une aussi faible perte, une aussi petite dépréciation, en même temps que le marché est toujours ouvert pour ces valeurs. C'est presque une monnaie courante. Il est donc agréable d'avoir à déclarer que, dans l'état actuel de la physique et de la chimie, rien n'autorise à craindre que les diamants artificiels viennent faire concurrence aux produits de la nature. D'ailleurs, si j'en juge par ce que je puis avoir entendu dire, ce serait vouloir rassurer des gens qui n'ont aucunement peur. Tout le monde sait l'histoire des pièces d'or de M. Sage, dont la matière avait été extraite des cendres des végétaux brûlés. C'était un beau résultat scientifique, mais peu lucratif, puisque chaque pièce de 20 francs lui revenait à 125 francs de frais d'extraction. A voir les résultats obtenus, il se passera bien des années encore avant qu'un diamant d'un carat sorte d'un laboratoire.

Encore un mot sur une question intimement liée à celle du haut prix justement attaché au diamant à cause de la beauté et de la rareté de cette parure : je veux dire la question du luxe considérée au point de vue des agréments de la vie élégante, *the high life*. Quand un pays laborieux, actif, intelligent, comme la France, l'Angleterre ou l'Union américaine, a conquis les éléments des jouissances délicates de la civilisation, ne serait-il pas absurde de vouloir le priver de ces biens qui n'ont rien de contraire à ce que j'appellerai son hygiène politique ? Les premiers de ce peuple, les *possédants*, laisseront-ils de côté leurs avantages pour aller disputer aux moins favorisés par la fortune ce que ceux-ci consomment dans une sphère inférieure ? Les manufactures perfectionnées qui tissent à grands frais les vêtements du riche font économiquement le vêtement du pauvre, et dans les contrées sans industrie manufacturière, où les premiers d'entre le peuple sont grossièrement habillés, la classe inférieure ne porte que des haillons. Il y a une solidarité forcée dans toute société humaine. L'intelligence et le travail, la pensée et l'action, la tête et la main, tout est coordonné, et, suivant la belle idée de Fontenelle, après avoir bien raisonné sur toute chose, on arrive toujours à ce résultat, que ce qui est a une raison d'être, et qu'on serait fort embarrassé non-seulement de faire mieux, mais encore de faire autrement. Un prélat rigoriste, trouvant un jour de jeûne Charlemagne assis, longtemps avant le soir, à une table abondamment servie, blâma et son repas peu frugal et l'heure à laquelle il le prenait. « Ne voyez-vous point, lui dit le sage empereur, que si je ne mangeais pas à cette heure, les derniers de mes gens n'arriveraient à prendre leur repas qu'au milieu de la nuit, et que si ma table était moins bien servie, il ne resterait rien pour eux ?»

II. Des Pierres précieuses

Les pierres précieuses autres que le diamant sont aussi désignées sous le nom de pierres de couleur. Leur grand mérite en effet, c'est principalement la beauté des couleurs qu'elles nous offrent et les jeux de lumière qui les distinguent. Il faut y ajouter la dureté, qui en assure la conservation indéfinie, et qui a toujours été mise au premier rang des qualités que doit posséder une pierre précieuse. Pline dit qu'on voit dans les gemmes toute la majesté de la nature réunie dans un petit espace, et qu'en aucun autre de ses ouvrages elle ne produit rien de plus admirable. Suivant lui, le premier qui porta un anneau et une pierre, ce fut Prométhée. Délivré des liens qui le tenaient enchaîné sur le Caucase et obéissant à quelque idée de fatalité, le titan prit un fragment du roc où il avait été attaché; l'ayant serti dans un morceau de ses fers, il en fit une bague qu'il porta ensuite en mémoire de ses malheurs; le fer était l'anneau, et la pierre la gemme. Y a-t-il dans cette construction de la première de toutes les bagues quelque sens allégorique ? C'est ce que pourrait faire supposer le personnage mystérieux auquel on en attribue l'usage. Cette grande figure de Prométhée, bienfaiteur de l'humanité par le feu qu'il donna aux hommes après l'avoir ravi aux dieux immortels, a toujours été vénérée dans l'antiquité comme opposée à la domination impérieuse de Jupiter.

Les anciens comprenaient aussi sous le titre de pierres gemmes des pierres dures gravées soit en relief, soit en creux, et leurs artistes nous ont laissé dans ce genre les plus admirables travaux que l'art et l'imagination puissent concevoir. Ici, comme dans la sculpture, les modernes n'ont point dépassé et n'ont pas même atteint la perfection des œuvres de l'antiquité. Les pierres gravées qui servaient alors de cachet, et qui nous ont été conservées, sont des objets d'art du plus haut prix; en même temps elles nous donnent des notions minéralogiques importantes sur les diverses pierres fines que connaissaient les anciens.

Les pierres de couleur ne paraissent pas aujourd'hui représenter plus du dixième de la valeur totale des gemmes. Ainsi les diamants entrent dans le capital total au moins à raison de 90 pour 100. Chez les anciens, c'était le contraire, car alors on peut dire que le diamant n'existait guère comme pierre d'ornement, puisqu'il n'était pas taillé de manière à montrer les vives couleurs qui le placent aujourd'hui au premier rang des pierres précieuses. De plus, les anciens vivaient bien plus au jour que nous. C'est à la lumière du ciel que la richesse des couleurs minérales peut être appréciée complètement. Notre système d'illumination nocturne par les lampes, les bougies, le gaz ou même l'électricité, verse sur tous les objets des teintes souvent peu favorables aux couleurs naturelles des gemmes. C'est ainsi que le saphir, le grenat, l'astérie, la turquoise osseuse, le spinelle bleu, l'améthyste, et même l'opale pour quelques-uns de ses reflets, perdent beaucoup aux lumières. L'expérience est surtout frappante lorsqu'on plonge une pierre de couleur dans le spectre irisé que le prisme forme avec les rayons du soleil. Alors on voit la couleur de la pierre varier avec la nature de la portion du spectre qui l'illumine successivement, et si l'on tient à la main deux pierres de même teinte, mais d'une nature différente, elles se comportent différemment dans la même sorte de lumière. Souvent un strass coloré, mis à côté d'une pierre fine, trahit ainsi son peu de valeur. Il est une autre épreuve plus facile à faire : elle consiste à regarder la pierre colorée au travers d'un verre coloré lui-même en rouge, en jaune, en vert ou en bleu. Chaque pierre répond d'une manière différente à cette épreuve, et donne ainsi des caractères propres à en reconnaître la nature.

Puisqu'il a été ici question de strass, c'est-à-dire d'une composition vitreuse imitant le diamant et les autres pierres précieuses, je dirai qu'il résulte de renseignements nombreux que, malgré le haut prix des pierres fines, il y a beaucoup moins de faux dans les parures qu'on ne serait tenté de le croire au premier abord. Les strass, colorés ou non, sont des verres fort tendres surchargés de plomb et d'émail, et analogues à ce qu'on appelle des cristaux dans les services de table. Dans les premiers temps de la substitution des strass aux pierres fines, le bas prix comparatif de ces verres fit passer sur le peu de durée résultant de la mollesse de la pâte, et on les tailla avec soin. Plus tard, ces parures, étant ainsi devenues accessibles à un plus grand nombre de personnes, furent demandées et travaillées au rabais, et par suite avilies. D'ailleurs, la richesse nationale augmentant de jour en jour, et l'insuffisance du strass pour la beauté et la durée se faisant de plus en plus sentir, on préféra une dépense plus grande pour une valeur impérissable à un moindre prix payé en pure perte. Il est loin de nous, le temps où la duchesse de Berry, arrivant en France, ne recevait que du strass pour parures de noces, et où, pour faire au duc de Wellington un cadeau en diamants de moins d'un million, le commerce de Paris était obligé d'en emprunter à la liste civile un certain nombre, à charge de restitution en pareille matière. A quelques années de là, j'étais à Londres dans la maison Rondel avec M. Knight, de Forster-Lane, lorsqu'une simple demoiselle de comptoir (en anglais *fille de comptoir*), indignée de nous voir regarder dans une montre vitrée des diamants ordinaires, nous jeta avec mépris une parure composée d'un collier ou rivière de diamants, d'un bracelet et d'une croix, le tout d'une valeur de 72,000 livres, c'est-à-dire 1,800,000 francs. Des affaires ayant appelé la demoiselle hors de la pièce où nous étions, M. Knight ne voulut pas partir avant la restitution de ce trésor, qui cependant ne nous avait pas été remis en mains propres, puisqu'il avait été dédaigneusement jeté sur la table qui était devant nous. Il eut quelque peine à trouver *la fille*, qui ne lui répondit que par un sec *very well, sir*! (c'est bien, monsieur!) Aujourd'hui le commerce de Paris achète et propose en vente *l'Etoile du sud*, l'un des cinq diamants souverains de l'Europe, en ne comptant pas le diamant bleu de M. Hope.

Avant de parler des pierres de couleur, une première question se présente, et l'on se demande si la science peut expliquer la coloration de ces gemmes. Il est, je pense, bien peu de lecteurs de cette Revue qui ne sachent que les rayons blancs que le soleil nous envoie, comme tous les autres rayons blancs, savoir ceux de la lune, des planètes et des étoiles, ne sont pas de la lumière simple; dans bien des cas, ils se décomposent en un grand nombre de rayons colorés. Ainsi, quand la lumière du soleil traverse la baguette triangulaire de cristal appelée prisme, elle s'y brise et va tracer sur un carton blanc une belle bande irisée, dans laquelle Newton a marqué sept couleurs, d'après des idées d'analogie avec les sept notes de la musique, idées qui depuis se sont trouvées sans aucun fondement, puisque chaque prisme donne sa bande irisée particulière. Newton choisit les sept couleurs que voici :

Violet, indigo, bleu, vert, jaune, orangé, rouge.

dont les noms (en faisant *violet* de deux syllabes) forment un vers mnémonique alexandrin. L'expérience n'est pas nouvelle. Les Romains et les Grecs l'avaient faite, et Néron, qui en mourant plaignait le monde de perdre en lui un si grand artiste (*qualis artifex pereo*!) l'avait chantée en vers. Un enfant qui souffle une bulle de savon lui fait aussi produire des couleurs splendides, quoiqu'il n'y ait pour illuminateur que la lumière blanche du jour. En un mot, toute lame mince d'une substance quelconque se colore fortement sous les rayons blancs qu'elle reçoit. Les surfaces rayées par intervalles égaux offrent des effets non moins brillants, en sorte que, pour habiller certains insectes du plus éclatant vêtement, il a suffi à la nature de rayer le fourreau qui les enveloppe. Les globules du nuage qui est entre la lune et nous produisent aussi les plus vives couleurs avec de la lumière blanche, et, au-dessus de tout en beauté, l'*iris* ou arc-en-ciel, que le soleil avec ses rayons incolores peint de mille couleurs dans les gouttes de pluie qui tombent à l'opposé de lui, nous présente encore des effets de lumière décomposée. Toujours la nature, avec une palette qui n'est pour ainsi dire chargée que de blanc, trouve l'art de déployer dans ses tableaux le luxe et la magie du coloris le plus brillant.

Mais nous n'avons point encore épuisé toutes les ressources de ce coloris, dont le secret est dans la lumière elle-même. Comment expliquer le blanc de la neige, qui couvre notre planète aux deux pôles et sur les cimes élevées des vastes chaînes de nos montagnes ? Comment expliquer le vert des contrées revêtues d'arbres et de plantes, le bleu de la vaste mer aérienne qui enveloppe la terre, et enfin le bleu verdâtre des océans qui en recouvrent la plus grande partie ? — Ici la science est en défaut. La cause des couleurs propres des corps est encore à peine entrevue, et nous pouvons répéter en 1855 ce qu'à la fin du XVIIe siècle écrivait Huygens : « Malgré les travaux de *monsieur Newton*, on peut dire que personne n'a encore trouvé la cause des couleurs dans les corps. » Il faudra donc admirer, sans en pénétrer le secret, le rouge sans pareil du rubis oriental, le jaune pur de la topaze, le vert sans mélange de l'émeraude, le bleu velouté du saphir, le riche violet de l'améthyste. Ce n'est pas la seule chose que nous laisserons à savoir à la postérité.

Dans l'énumération qui va suivre, nous placerons les pierres précieuses selon leur valeur actuelle. Cet ordre varie peu en général pour chaque peuple. Cependant, lorsqu'une demande plus active fait hausser le prix d'une sorte de gemmes, il arrive presque toujours qu'on en voit arriver sur le marché une quantité excédant les besoins, et que le prix en est momentanément réduit. C'est ce qui a lieu aujourd'hui pour les belles opales de la Hongrie, dont les mines, depuis dix ans, ont été exploitées avec un redoublement d'activité, occasionné par le haut prix de ces pierres, qui a surpassé un moment le prix du saphir.

Le *rubis oriental* est, pour le prix comme pour la beauté, la première des pierres de couleur. Pour avoir sa couleur dans sa plus belle qualité, il faut prendre celle du sang qui jaillit de l'artère ou le rayon rouge du spectre solaire dans le milieu de l'espace qu'il occupe. C'est encore la couleur rouge de la palette du peintre sans aucun mélange de violet d'une part et d'orangé de l'autre. Plusieurs des vitraux rouges de nos anciennes basiliques, traversés par les rayons du jour, nous donnent cette couleur éclatante. Le rubis est excessivement dur, et après le saphir, qui le surpasse un peu sous ce rapport, c'est la première des pierres, toujours en exceptant le diamant, à qui rien ne peut être comparé. D'après une remarque parfaitement juste de M. Charles Achard, plus compétent que personne en France en ce qui touche le commerce des pierres de couleur, il n'en est pas de même pour ces pierres que pour le diamant, qui, depuis le plus petit échantillon jusqu'aux diamants princiers ou souverains, a, comme l'or et l'argent, un prix en proportion avec son poids. Pour le rubis et les autres gemmes, les petits échantillons n'ont presque aucune valeur, et ces pierres ne commencent à être appréciées qu'au moment où leur poids les tire d'un pêle-mêle vulgaire et leur assure à la fois la rareté et un haut prix. Ainsi, pour que les pivots, des montres de précision tournent avec facilité, on les implante dans de petits rubis percés convenablement. Ces petites pierres, de la grosseur des grains de millet, pour être fort utiles, n'en sont pas pour cela plus appréciées à cause de leur grande abondance; mais qu'un rubis parfait de 5 carats (environ 1 gramme, poids d'une pièce de 20 centimes) circule dans le commerce, on en offrira un prix double d'un diamant de même poids, et si ce rubis atteignait au poids de 10 carats, on pourrait en demander le triple d'un diamant parfait de poids pareil, lequel prix serait cependant de 20 à 25,000 francs. J'ai vu plusieurs belles collections d'amateurs, visité et consulté plusieurs lapidaires : tout le monde admet qu'un rubis parfait est la plus rare de toutes les productions de la nature. La teinte du rubis, au jour comme aux lumières, a le même avantage; mais quand on veut rendre l'éclat de cette belle gemme tout à fait unique, il faut la plonger dans les rayons rouges du spectre, de telle sorte que le reste des couleurs de la lumière solaire ne s'arrête pas dans le voisinage du rubis. Alors il n'est personne qui puisse retenir un cri d'admiration et qui ne repaisse avidement ses yeux de cette teinte délicieuse. Les possesseurs de collections de choix pourront s'amuser à répéter cette expérience intéressante avec diverses pierres en les mettant chacune dans la couleur du spectre solaire analogue à leur couleur propre. Il résulte même de là une sévère épreuve pour la pureté de la teinte d'une pierre, car si cette teinte est parfaitement pure et sans mélange, la pierre doit paraître complètement noire dans toute autre lumière que la sienne. Toutes les pierres laiteuses ou glacées ou d'une teinte composée succombent à cette épreuve décisive.

A l'époque récente où le Pégu fut annexé aux possessions anglaises de l'Inde, ce pays des rubis sembla devoir envoyer à l'Europe plusieurs de ses belles productions, si avarement gardées par les princes indiens. Il n'en a rien été. Du reste, il n'est pas bien prouvé que les mines en soient encore exploitées, et cette partie de l'Asie est une des moins connues du globe. Les négociants en rubis, sans doute pour donner plus de prix aux objets de leur commerce, ne tarissent pas sur le nombre des tigres, des lions, des éléphants et des serpents venimeux qui peuplent les forêts et les plaines de ces contrées, qui, suivant eux, ne sont accessibles que par les embouchures des fleuves navigables qui arrivent à la mer. L'état actuel bien constaté de l'île de Bornéo semble confirmer leurs assertions un peu intéressées. Je ne sais si les rajas attachent des idées superstitieuses à la possession des rubis; mais il est certain qu'ils n'en vendent aucun qui soit d'un poids un peu considérable. Avec le *Koh-i-noor*, Runjeet-Singh possédait un rubis non moins précieux, ayant la forme du gros bout d'un œuf que l'on aurait coupé en deux. Cette pierre énorme, dont la base était un cercle de 52 millimètres de diamètre avec une hauteur de 30 millimètres, faisait partie du collier de ce prince, qui l'estimait (sans crainte de trouver un acheteur) à 12,500,000 livres sterling, c'est-à-dire

II. Des Pierres précieuses

quelque chose comme 300 millions de francs ! Nous ne savons rien sur la qualité et sur le poids de cette énorme gemme, qui n'a point été apportée en Angleterre. Le rubis est, avec le saphir, le zircon et le grenat, une des plus lourdes pierres, et dans l'eau il ne perd, comme le saphir, que le quart de son poids environ.

Les Indiens enchâssent leurs beaux rubis dans le chaton très relevé d'une bague d'or, et les entourent de plusieurs rangs de diamants très petits, de sorte que le tout produit une éminence disproportionnée qui jette la pierre à droite ou à gauche. Potemkin avait plusieurs bagues pareilles ; mais il semble que le bon goût n'admet pour une belle gemme qu'un simple anneau français, avec une sertissure peu élevée, — Par exemple un solitaire en diamant de 3 à 4 carats.

La composition des rubis n'est pas moins extraordinaire que celle du diamant. Ainsi que la saphir, le rubis n'est autre chose qu'un peu de terre glaise cristallisée et colorée dans les deux pierres par le fer, que les naturalistes appellent le peintre de la nature. Pour ne pas trop répéter cette étrange assertion, que la nature a fait les pierres les plus précieuses avec les matières les plus communes, nous dirons que la terre glaise appelée *alumine* en chimie, et le caillou blanc ou cristal de roche appelé *silice*, forment la base de toutes les gemmes. L'opale est du caillou avec de l'eau ; la topaze joint un peu d'acide fluorique à la silice et à l'alumine ; l'émeraude, la chrysolite, l'aigue marine, la tourmaline et l'euclase contiennent un élément autre que la silice et l'alumine, savoir la glucine ; enfin le grenat est tellement ferrugineux, qu'il agit sur l'aiguille aimantée. Le zircon, pierre peu estimée en France, a pour base une terre particulière du nom de zircone.

Comme accessoire du rubis, nous mentionnerons une pierre rouge moins riche en couleur, et plutôt rose que rouge, qui porte le nom de *rubis spinelle*. La forme cristalline du *spinelle* diffère de celle du *rubis oriental*, qui est une baguette à six pans coupée carrément aux deux bouts, tandis que le spinelle, comme le diamant, a la forme d'une double pyramide. Le nom de *rubis balais* a été aussi donné à une pierre du Mogol, que plusieurs auteurs regardent comme un vrai rubis oriental moins riche en couleur. Les anciens n'avaient pas le mot de rubis. Ce nom est remplacé dans Pline par celui d'escarboucle (*carbunculus*, charbon ardent). Ovide et les

poètes se servent du mot de *pyrope*, qui veut dire couleur de feu,
  Flammas imitante pyropo.

Aujourd'hui ce mot peu usité d'*escarboucle* se donne parfois à des rubis d'une dimension et d'un prix considérables. Évidemment Pline a confondu le rubis indien avec le grenat, qui est partout.

Certains rubis taillés en portion de sphère, — forme qu'on appelle *calotte sphérique, goutte de suif,* ou *cabochon,* — présentent au milieu de leur teinte rouge une étoile blanche à six rayons qui, sur la pierre, change de position avec l'œil, et forme au soleil un beau spectacle de contraste. Cet effet se nomme *astérie*. On le retrouve dans le saphir, parent très proche du rubis, composé comme lui d'alumine, et comme lui coloré par le fer, mais qui en diffère seulement par sa couleur, laquelle est bleue, tandis que celle du rubis est le rouge le plus pur et le plus vif.

Après le rubis, on doit placer l'*émeraude*, dont Pline dit qu'aucune gemme n'a, pour la couleur, un aspect plus agréable. Cette belle pierre, qui nous vient du Pérou et de la Nouvelle-Grenade, est fort tendre, car elle raie à peine le cristal de roche. On la trouve en beaux cristaux d'un vert admirable implantés et produits au milieu d'un grès blanchâtre, sans qu'on puisse admettre autre chose que l'électricité comme cause d'un pareil dépôt au milieu d'une pierre tout à fait étrangère à l'émeraude pour la nature comme pour la couleur. Néron, qui était myope, se servait, dit-on, d'une émeraude creusée à faces concaves pour regarder les jeux du cirque. C'est sans doute une des premières fois qu'on ait employé les lunettes ou besicles ordinaires. Cette invention n'alla pas plus loin.

L'*émeraude*, comme le rubis, est en bâtons à six pans coupés carrément aux deux bouts. Cette pierre est fort légère et perd dans l'eau plus du tiers de son poids. La beauté de sa teinte, du vert le plus pur, lui fait pardonner son peu de dureté, qui semblerait devoir l'exclure du rang des gemmes de distinction. Au temps de la conquête du Pérou, une magnifique émeraude fut envoyée en hommage au pape, et plusieurs années après, on crut les mines d'émeraudes épuisées ou perdues. Il y a vingt ans à peu près que le chef d'une grande maison de Paris, M. Mention, en reçut de l'Amérique du Sud de magnifiques échantillons qui ranimèrent le commerce des émeraudes, continué depuis sans interruption par M. Charles Achard. Plus la couleur de l'émeraude est foncée, plus elle est estimée. C'est l'extrémité supérieure de la baguette à six pans qui est ordinairement la plus pure et la plus fortement colorée. L'émeraude ne perd point de son éclat aux lumières, propriété précieuse dans notre civilisation moderne, dont les réunions de société et de théâtre ont presque toujours lieu la nuit.

Haüy a rattaché à l'*émeraude* l'*aigue marine*, qui est d'un bleu verdâtre, et le béryl, qui est jaune, mais de la même famille minéralogique pour la forme et la composition chimique.

L'émeraude, ainsi que toutes les pierres dont on veut faire ressortir la couleur, doit être taillée avec une table en dessus et des facettes en retraite tout à l'entour et en dessous. Il faut qu'en la regardant bien en face et tournant le dos à la lumière des fenêtres, la couleur se montre bien égale au travers de la table comme sur les bords à facettes. Les Orientaux l'emploient en plaques larges et peu épaisses, ce qui semblerait devoir montrer avec avantage la belle couleur de l'émeraude; mais le reflet blanc du jour sur la face antérieure vient se mêler à la lumière qui a traversé la pierre et empêcher de bien discerner celle-ci. Voilà pourquoi on taille les pierres en table entourée de facettes. Alors, en évitant le reflet direct qui a lieu sur la table, la pierre montre sa couleur fondamentale dans toute son étendue. L'émeraude, beaucoup moins chère que le beau rubis et le diamant, est cependant fort recherchée et fort estimée. On peut dire que c'est une pierre d'affection pour le public.

Le *saphir*, qui vient après l'émeraude, est la plus dure des gemmes. On pourrait regarder le saphir comme un rubis bleu, ou le rubis comme un saphir rouge. On doit dire avec Haüy et Mawe que l'alumine cristallisée est susceptible à peu près de toutes les couleurs. L'espèce minéralogique à laquelle appartient le saphir s'appelle *corindon*. Après le *corindon rouge* ou *rubis oriental* vient le *corindon bleu* ou *saphir oriental*. Parfois le corindon est coloré en jaune très beau, alors il prend le nom de topaze orientale; s'il est violet, ce qui est rare, il est dit *améthyste orientale*; enfin il est quelquefois blanc ou incolore, comme le pur cristal de roche. Alors il ressemble un peu au diamant, et pourrait être confondu avec lui, si l'on n'avait pas pour les distinguer le poids plus grand du saphir blanc et sa réfraction, qui est double et qui montre au travers de la pierre deux aiguilles au lieu d'une.

On découvre au microscope, dans certains saphirs généralement un peu pâles, des traits dirigés dans le sens des faces des prismes à six pans. La lumière, se reflétant sur ces filaments intérieurs qui ont trois directions différentes, produit trois petites traînées brillantes transversalement à ces filaments et aux faces du prisme. L'entre-croisement de ces trois petites traînées lumineuses forme une étoile à six beaux rayons qui vaut à la pierre le nom de *saphir astérie*, c'est-à-dire *saphir étoilé*. Ces saphirs sont fort estimés des Orientaux, surtout quand l'astérie se forme dans un saphir d'un bleu foncé. Les corindons de toutes les couleurs sont susceptibles d'être astéries. Dans ses voyages en Afrique, M. d'Abbadie portait une astérie bleue assez belle qui lui commandait souvent le respect des indigènes. On a des astéries sur un fond rouge, bleu ou jaune, suivant la couleur du corindon. Jusqu'ici on n'en a pas vu sur le corindon blanc. Je viens de dire que ce reflet étoile provenait de petits filets contenus dans les pierres. Ces filets sont le résultat soit de matières étrangères, soit de petits vides laissés dans la disposition régulière des particules au moment de la cristallisation. Si, au lieu d'essayer d'avoir des astéries par reflet, on taille la pierre de manière à regarder au travers, alors le phénomène de l'astérie devient presque universel. A moins que la pierre ne soit d'une parfaite uniformité cristalline, l'observateur qui prend pour point de mire une bougie placée à une distance moyenne aperçoit de ces traînées lumineuses transversalement à toutes les séries de filaments que contient le minéral. Suivant que la pierre provient d'une figure à quatre ou à six pans, ou à une astérie à quatre ou à six rayons, et s'il n'y a des filaments que dans une direction, il n'y a qu'une bande lumineuse. J'ai fait tailler ainsi toutes les gemmes et un grand nombre de cristaux minéralogiques. En rayant artificiellement à la pointe de diamant une plaque de verre suivant divers sens, on y détermine des bandes de lumière en même nombre que les séries de traits entaillés sur la surface, et toujours dans une direction transversale à ces traits. On peut même très simplement avoir une astérie carrée, en étendant avec le doigt un peu de cire ou de substance grasse sur une lame de verre peu épaisse. Il faut que le verre soit à peine terni, et il faut promener le doigt toujours dans le même sens, par exemple de la droite vers la gauche ou de haut en bas. Il suffit que le doigt ait touché la cire, pour qu'il puisse produire le ternissement par filets dirigés dans le même sens. Alors, en regardant une bougie au travers, il se produit une bande de lumière blanche transversale à la direction des filets. Si l'on a fait la même opération en deux sens sur les deux faces du verre, on obtient une croix à quatre branches par les deux bandes lumineuses qui se croisent devant l'œil.

On tire de Ceylan une pierre verdâtre, — traversée par des filets d'amiante blancs, — qui Porte le nom d'*œil-de-chat*, et qui est taillée en cabochon très relevé. On y voit une bande flottante qui provient du reflet de la lumière sur les filets de l'amiante. En général, dans ces accidents curieux de lumière qui font des pierres exceptionnelles ou d'affection, il faut que la couleur des bandes astériques contraste le plus possible avec le ton du reste de la pierre. En faisant rayer par des traits croisés une simple cornaline, j'avais obtenu une belle croix blanche sur un fond rouge. S'il y avait eu des traits en trois sens, on eût obtenu une étoile à six branches. Dans les minéraux, ce caractère astérique est très précieux, parce qu'il décèle la forme primitive de la substance qu'on examine, et je répète qu'en regardant au travers de la pierre convenablement taillée, et non par reflet, on trouve des bandes astériques dans un très grand nombre de minéraux cristallisés.

On emploie beaucoup dans les arts une poussière très dure, qui porte le nom d'*émeri*, et qui sert à user les corps résistants que l'on promène sur une plaque couverte de cet émeri, en les pressant plus ou moins. Cette substance est une espèce de corindon ou saphir contenant une assez grande quantité de fer qui s'est substituée à l'alumine au moment de la formation de la pierre. Au reste, cette substitution est assez habituelle dans la chimie et la minéralogie. On prétend qu'à force de patience les Chinois arrivent à tailler le diamant avec la poudre de corindon. L'ouvrage doit avancer bien lentement, car le corindon ou saphir grossier est bien peu dur par rapport au diamant; c'est comme si l'on voulait aiguiser un instrument d'acier en le frottant sur du papier ou sur du linge. Au reste, si la patience industrieuse peut faire des miracles, c'est aux Chinois que ce don est réservé.

Nous mettrons après le saphir l'*opale*, que nous envoient la

Hongrie et le Mexique. Les opales de Hongrie sont bien supérieures pour la variété des teintes, et n'ont pas, comme celles du Mexique, l'inconvénient de se détériorer avec le temps. Il y a quelques années, l'opale était pour le prix supérieure au saphir, mais ce haut prix â provoqué, je l'ai dit, une exploitation plus active des mines hongroises, et ces belles pierres, tout en conservant leurs teintes riches et variées, ont un peu baissé de prix. Il faut, pour la perfection de l'opale, qu'elle renvoie à l'œil toutes les couleurs du spectre solaire disposées par petits espaces ou paillettes ni trop grandes ni trop petites, sans qu'aucune couleur domine exclusivement. On lui donne ordinairement le nom d'opale *arlequine*, par allusion à l'habit du héros de la parade italienne, qui est formé d'un grand nombre de morceaux de drap de couleurs éclatantes et opposées cousus l'un à l'autre au hasard. La pâte de l'opale doit être un peu laiteuse et d'un léger vert céladon. Cette teinte laiteuse dans les verres est connue de tout le monde sous le nom même de *teinte opaline*. Tel est l'aspect de l'eau où l'on a fait fondre du savon, ou même celui des bulles de savon que les enfants soufflent au chalumeau pour les lancer en ballons légers, où la vapeur d'eau joue, par sa légèreté, le rôle que joue le gaz hydrogène dans les aérostats ordinaires. Le grand Newton n'a pas dédaigné de souffler, et même avec un certain art, ces pellicules savonneuses, qui, comme tous les corps minces, prennent les plus vives couleurs dès qu'elles ont atteint un degré de ténuité suffisant. C'est aux environs d'un deux-millième de millimètre, — cent fois ou deux cents fois moins que l'épaisseur d'une feuille de papier, — que la bulle de savon devient colorée et reflète toutes les couleurs du spectre solaire et de l'arc-en-ciel. Pour concevoir les couleurs de l'opale, il suffit d'admettre dans la pierre un grand nombre de petites fentes ou fêlures disposées par places isolées et d'une épaisseur variable, quoique toujours fort petite. Alors, suivant son épaisseur, chaque fissure donne sa couleur particulière, et il ne s'agit plus que de choisir les échantillons qui donnent l'assortiment de couleurs le plus complet. Il faudra y reconnaître le violet, le bleu indigo et le bleu de ciel, le vert, le jaune, l'orangé et le rouge. Le vert et le jaune semblent ordinairement plus rares que les autres couleurs.

Au reste, il est si vrai que les couleurs de l'opale proviennent de petites fissures dans une pierre très tendre, fendillée à l'infini, qu'en frappant au marteau ou au maillet de bois les masses vitreuses qu'on appelle *cristal*, ou le cristal de roche lui-même, on y détermine des fentes qui donnent les couleurs de l'iris, et qui même portent ce nom chez les lapidaires. Quand une pierre transparente contient naturellement une fissure colorée qui n'arrive pas jusqu'aux bords comme celles que détermine le marteau, on la taille en cabochon peu relevé, et l'on voit la fissure se jouer en diverses couleurs, suivant l'inclinaison qu'on lui donne. C'est principalement le cristal de roche qui donne ces effets d'iris; mais j'en ai vu dans la topaze blanche et dans le feldspath laiteux. Les couleurs du marbre lumachelle et de plusieurs minéraux sont du même genre. Si je n'étais arrêté par la crainte de m'éloigner de mon sujet principal, je montrerais que presque toutes les couleurs des fleurs sont produites par la disposition superficielle des tissus qui les composent. Là est le secret de la variation de leurs teintes depuis la première floraison jusqu'au moment où elles se flétrissent. Du reste, il suffit d'écraser une feuille de rose pour reconnaître ce qui est une couleur réelle ou une couleur résultant de la forme. Toute la couleur qui subsiste après que l'on a dénaturé la forme est une couleur réelle analogue à celle qui subsiste dans les roses séchées, tandis que ce qui disparaît, et qui est la presque totalité de la teinte, n'était dû qu'à une disposition spéciale du tissu lamellaire de la fleur. En jetant dans un vase d'eau chaude une goutte d'huile qui s'étend à la surface, on obtient une pellicule très mince qui offre d'aussi vives couleurs que les pellicules superficielles des fleurs.

Quelquefois l'opale n'a de couleur que dans sa pâte, à peu près comme les verres opalins; elle est alors peu estimée. D'autres fois, comme les iris, elle n'a que des couleurs très larges, ou même une couleur unique et un peu changeante, soit rouge, soit verte, bleue ou jaune. L'impératrice Joséphine avait payé fort cher un assortiment de deux pierres pareilles formant des ovales de quatre à cinq centimètres environ de longueur sur une largeur de deux à trois centimètres, car, à une époque où il était de rigueur de porter deux bracelets pareils, on éprouvait de grandes difficultés pour *apparier* convenablement les pierres de fantaisie. Comme c'est au hasard seul qu'est due la disposition intérieure des fissures colorantes de l'opale, on doit concevoir qu'il faudrait en réunir une grande quantité pour avoir le choix de deux échantillons bien semblables. Aujourd'hui les seules opales arlequines ont un prix considérable, et les deux pierres qui coûtèrent à Joséphine tant de soins et d'argent ne vaudraient pas le dixième du prix qu'elle en donna; mais il faut mettre en ligne de compte l'indigence du commerce des gemmes à cette époque. Excepté pour les boucles d'oreille, l'opale actuellement se monte en pierre isolée avec ou sans un entourage de petits brillants dont les feux vifs et scintillants contrastent avec les teintes de la pierre, qui sont aussi calmes que riches et variées.

L'opale est fort tendre. Dans sa composition chimique, il n'entre que du quartz hydraté, c'est-à-dire du caillou blanc combiné avec de l'eau. Le feu, en dilatant ses fissures, en fait varier les couleurs. Sans doute la pression opérerait le même effet. J'ai beaucoup tourmenté, sans les altérer aucunement, deux belles petites opales arlequines de Hongrie d'une agréable pâte bleu céladon, et toutes mes expériences ont confirmé les lois établies par Newton sur les couleurs des *lames minces*.

Avant la tempête révolutionnaire de la fin du siècle dernier, le financier d'Augny possédait une opale arlequine d'une grande beauté. C'était un ovale élégant de 21 millimètres de longueur sur 15 à 16 millimètres de largeur. Estimée parfaite de tout point, cette pierre avait une grande célébrité. Je ne sais si d'Augny courut, comme le sénateur Nonius, des risques de proscription pendant la terreur, mais à coup sûr ce ne fut pas pour son opale sans pareille. Les sales proscripteurs de 93, qui vendaient à l'*étranger* le trésor de Saint-Denis et de plusieurs autres basiliques pour 80,000 francs, ne songeaient pas aux opales donnant toutes les couleurs de l'iris céleste.

Le Régent, avant l'époque du vol des diamants de la couronne, eut cependant l'honneur d'être présenté au peuple, ou si l'on veut, à la populace du temps. Voici comment on avait organisé cette exhibition. Une petite salle basse avait été disposée de manière à permettre aux passants d'entrer facilement et de demander, au nom du peuple souverain, à voir et à toucher le beau diamant de la couronne de l'ex-tyran. Alors, par un petit guichet semblable à ceux qui servent à recevoir le prix des places dans les théâtres, on passait au citoyen ou à la citoyenne en guenilles le diamant *national* retenu dans une solide griffe d'acier avec une chaîne de fer fixée en dedans de l'ouverture par laquelle on le présentait aux visiteurs. Deux hommes de police déguisés en gendarmes fixaient à droite et à gauche leurs yeux de lynx sur le possesseur momentané de la merveille de Golconde, lequel, après avoir soupesé dans sa main une valeur estimée 12 millions dans l'inventaire des diamants de la couronne, reprenait à la porte sa flotte et son crochet pour continuer d'explorer les balayures vidées aux portes des maisons. J'ai plusieurs fois obtenu la permission d'assister aux visites des diamants de la couronne, et j'ai toujours eu la négligence de ne pas en profiter. — Comment! monsieur, me disait un pauvre ouvrier jardinier, vous n'avez pas eu dans la main *le Régent de France*; mais moi et tous mes amis nous l'avons vu et touché tant que nous avons voulu pendant la révolution! — Cet homme me disait qu'on laissait entrer dans la pièce basse en question un nombre quelconque de visiteurs, mais qu'en cas de *bruit* il n'eût pas *fait bon de se trouver là-dedans*!

L'opale d'Augny, dont je n'ai vu nulle part l'estimation, est passée, il y a déjà longtemps, entre les mains d'un amateur distingué, le comte polonais Waliski. L'opale de Nonius, que celui-ci dans sa fuite précipitée choisit seule entre tous ses trésors pour l'emporter avec lui, avait été estimée *sestertium viginti millibus*, ce qui, d'après la table exacte de M. Dureau de la Malle dans son livre sur *l'Economie politique des Romains*, revient environ à 3,881,000 francs, c'est-à-dire à peu près à millions de francs. Si l'on remarque qu'avant la taille du diamant, l'opale était la seule pierre qui, recevant la lumière blanche du jour, la renvoyât colorée de mille teintes magiques, ce prix d'estimation ne paraîtra pas trop élevé pour une gemme qui était *le Régent* ou le *Koh-i-noor* de Rome. Les tables en citronnier de Juba, estimées quinze ou seize cent mille francs, et les vases myrrhins du même prix feront trouver *bon marché* l'opale de Nonius. Sa grosseur était celle d'une noisette. — L'opale, en même temps qu'elle est la plus légère de toutes les gemmes, puisqu'elle perd dans l'eau presque la moitié de son poids, est aussi une des plus tendres. Celles de l'Inde paraissent être un peu plus dures et plus lourdes.

Le prix actuel du marché de Paris place après l'opale deux pierres d'un vert jaunâtre indécis, savoir la *chrysolite* et le *péridot*, La chrysolite est une pierre gemme bien caractérisée par son éclat vif, son poli, analogue à celui du saphir, et une teinte chaude et gaie. C'est la pierre d'affection de sir David Brewster, célèbre par ses beaux travaux sur l'optique. La chrysolite ou cymophane a souvent le laiteux du saphir. Pour énumérer ses autres propriétés, il faudrait aborder le vaste champ de l'optique moderne, parler de la double réfraction à un ou deux axes, de la polarisation et des couleurs qu'elle fait naître dans la lumière qui traverse les cristaux, et enfin des anneaux colorés à ligne noire, à croix noire, et sans croix ou ligne noire. Les anneaux de la chrysolite, comme ceux de la topaze, sont de la première de ces trois espèces d'anneaux. C'est un caractère qu'Haüy a méconnu, et qu'avec un peu de dextérité on fait apparaître dans presque toutes les pierres taillées. Ce caractère m'a servi un jour à ne pas acheter une belle pierre blanche arrivant de l'Inde, et qui avait été consignée comme un saphir blanc. En effet, l'astucieux sectateur de Bramah avait coloré en bleu un petit coin de la pierre, circonstance qui s'observe naturellement dans les saphirs incolores. Le troisième des caractères des anneaux polarisés, savoir le centre sans raie noire, nous montra tout de suite que c'était un beau cristal de roche et rien de plus.

Quant au *péridot* ou *olivine*, sa teinte est plus grasse que celle de la chrysolite; c'est toujours du vert olive mêlé de jaune, mais le vert y domine davantage. Cette pierre est fort tendre et raie à peine le verre. Son peu de dureté donne toujours un air émoussé à ses arêtes. Le péridot, qui nous arrive de l'Inde, est taillé en ornements pour harnais de cheval, ainsi que les plaques d'émeraudes et d'autres pierres venant des mêmes contrées. Ceylan, l'île privilégiée pour la production des pierres de couleur, ne paraît pas continuer à fournir le péridot, qui du reste n'est pas rare dans les laves des volcans, quand on se contente de recueillir de petits cristaux minéralogiques tout à fait au-dessous de ce que l'art du lapidaire peut mettre en œuvre. A ce propos, je dirai qu'autrefois j'ai rencontré souvent chez les minéralogistes un amateur de petits cristaux, qui en avait fait à peu de frais une assez riche collection. Vus à la lampe et au microscope, les petits échantillons ainsi réunis vérifiaient toutes les lois cristallographiques d'Haüy. Un cristal qu'une fourmi eût pu traîner était pour cet amateur excentrique ce que *l'Etoile du sud* sera pour les admirateurs ordinaires de diamants. Il était le fléau des marchands par ses longues et minutieuses investigations.

II. Des Pierres précieuses

D'une roche parsemée de petits cristaux il en tirait qui, sous le microscope et convenablement éclairés, donnaient de bonnes indications scientifiques.

Le péridot a l'insigne honneur d'être la seule gemme qui se soit trouvée jusqu'ici dans les pierres qui tombent du ciel. A la vérité, ces petites olivines ne se vendraient pas au carat; mais en les faisant tailler dans leur gangue, on aurait une pierre, sinon brillante, du moins fort curieuse. L'amateur de cristaux microscopiques dont j'ai parlé tout à l'heure avait une belle petite olivine tombée du ciel, et c'est même cette circonstance qui l'a rappelé à mon souvenir. Je n'ai pas besoin de dire que l'existence d'une pierre cristallisée dans les masses qui tombent de l'atmosphère réfute victorieusement toutes les idées de ceux qui croient que les météorites se forment subitement dans l'air par une prétendue condensation d'exhalaisons terrestres. Alors, comment le péridot eût-il pu s'y cristalliser ? car la disposition régulière des particules qui constituent un cristal exige un temps immense. Ceux qui font croître des cristaux dans des dissolutions très chargées mettent en ligne de compte pour la *nourriture* de leurs cristaux et le temps et la patience.

Du péridot nous passons au *grenat*, qui est une pierre ferrugineuse d'un rouge foncé et manquant la plupart du temps de transparence; il s'en trouve néanmoins quelques-uns qui font exception et qui sont d'une couleur très belle, dite fleur de pêcher. J'en avais choisi quelques-uns avec un amateur de gemmes doué d'un tact exquis, M. le marquis de Drée. A la perfection de la couleur il exigeait qu'une pierre d'échantillon joignît une teinte de même force en tout sens, ce qui, manquant à bien des pierres taillées au hasard dans le cristal minéralogique, constitue des défauts bien sensibles à un œil exercé ou prévenu. On fait avec le grenat taillé très petit des assemblages de pierres juxtaposées qui ont un aspect agréable de rouge mêlé de noir. Le seul grenat qui ait une valeur un peu élevée quand il est de belle qualité, c'est l'hyacinthe, pierre d'un jaune orangé mielleux, ayant à peu près l'aspect du sucre d'orge commun qui se fait avec de la cassonade jaunâtre. Cette pierre, qu'Haüy à tort avait séparée des grenats, n'est aucunement recherchée par le public, et ne peut convenir qu'à un amateur ou à un curieux. Les Hollandais taillaient autrefois le grenat noir en perles à facettes dont ils faisaient des colliers qui servaient de monnaie d'échange pour la traite des esclaves. Dans plusieurs états de l'Amérique, les négresses libres ou non affectionnent encore ce genre de parure que la cornaline et le corail ont tout à fait détrôné en France.

L'astérie se montre dans les grenats comme dans les saphirs, et j'ai pu y vérifier par la taille tout ce que la structure minéralogique y indiquait d'avance. On peut y développer des astéries à quatre branches, à six branches, et des croix droites ou obliques, sans compter certains cercles de lumière qui résultent d'une taille perpendiculaire aux filaments astériques. On voit que non-seulement pour la minéralogie, mais encore pour l'optique, l'étude de la structure des gemmes fournit un grand nombre de données utiles. C'est à l'étude de l'optique minéralogique que Malus, Arago, Fresnel et M. Biot en France, Huygens en Hollande, Wollaston et sir David Brewster en Angleterre, enfin Seebeck et M. Haidinger en Allemagne, ont dû une grande partie de leur renommée, et la science de la lumière — ses plus belles découvertes.

Le grenat n'a point de nom latin chez Pline, pas plus que le rubis : il était confondu avec toutes les pierres rouges ou escarboucles (*carbunculi*). C'est la plus lourde des gemmes. Sa réfraction est simple comme celle du diamant. On a fait avec succès de petites loupes ou microscopes avec un grenat blanc qui se trouve en Norvège, mais c'est surtout avec le diamant qu'on a obtenu de petites lentilles extrêmement puissantes. La taille en est excessivement difficile, et le prix inabordable. L'observatoire de Paris, où l'on installe avec activité des instruments convenables au rang que doit tenir le premier observatoire de la France, emploiera sans aucun doute comme oculaires les lentilles de diamant et de grenat blanc. A cette occasion, je noterai qu'un cristal minéralogique à réfraction simple, l'amphigène, fortement réfringent et parfaitement incolore, pourrait aussi fournir des lentilles oculaires très efficaces.

La topaze, dont le nom rappelle la couleur jaune, est un minéral cristallisé en baguettes non carrées susceptibles de se casser transversalement avec une grande netteté. La topaze affecte réellement toutes les couleurs. Elle nous vient principalement du Brésil; il y en a cependant en Saxe et en Sibérie. Le prix de la variété jaune, qui devrait, à proprement parler, porter seule le nom de topaze, s'est abaissé depuis un quart de siècle d'une façon surprenante. Il ne faut pas confondre la topaze du Brésil avec la topaze oriental et qui est un beau corindon jaune montant presque jusqu'à l'orangé. Quand on apprend au juif de Shakespeare, dans *le Marchand de Venise*, que sa fille a fait cadeau de sa belle topaze en retour d'un singe qu'on lui a offert, il s'écrie douloureusement : « Ah ! malheureux ! j'aurais donné tout le pays des singes pour ma topaze ! » Aujourd'hui ce ne serait pas la topaze qu'on prendrait pour type de la gemme par excellence.

Le jaune n'est pas la couleur que Pline assigne à la topaze, pas plus qu'il ne donne le bleu au saphir. L'empereur Maximin, qui d'un coup de poing brisait toutes les dents d'un cheval, et qui d'une de ses augustes *ruades* lui cassait la cuisse, avait assez de fermeté dans les doigts pour y broyer des topazes, comme nous pourrions y réduire en poudre du sucre friable ou de la une de pain. Quelle que fût la nature de la gemme, le tour de force n'en est pas moins presque incroyable. La topaze a fait longtemps les délices des Espagnols, et ils en ont travaillé les plus indignes échantillons. Aujourd'hui, quand on voit chez M. Charles Achard une pierre de cette espèce avec une riche teinte jonquille presque veloutée, comme la teinte d'un saphir, offerte à un prix médiocre, on ne s'explique pas ce caprice de la mode en fait de gemmes.

C'est avec la topaze blanche du Brésil que Fresnel a fait ses importantes découvertes sur la double réfraction à deux axes. C'est aussi cette topaze qui, sous le nom de *goutte d'eau*, se taille en faux diamant. Cette pierre sert encore en minéralogie comme l'un des types de dureté. Ainsi on dit qu'une pierre raie le verre, raie le cristal de roche, raie la topaze, raie le saphir, suivant ses divers degrés de dureté. C'est un caractère fort utile pour reconnaître les pierres gemmes. Ainsi la *goutte d'eau* ne pourra rayer le saphir, ce que ferait assurément un vrai diamant. Le diamant noir de Bornéo aurait rayé tout et même le diamant. Quant au péridot et à l'opale, ils ne raieraient rien du tout, pas même le verre brun de bouteille dont je me sers ordinairement dans ces expériences, car le verre des vitres est devenu fort mou depuis que, pour économiser le combustible, on y a mis une plus grande quantité de fondant alcalin.

La topaze bleue du Brésil ne monte jamais au ton du saphir. Ce n'est qu'une aigue marine de qualité supérieure. De toutes les topazes, la seule qui ait une assez grande valeur, c'est celle que l'art a colorée en rose clair, d'une charmante teinte, au moyen du feu. Il suffit de choisir, dans les topazes jaune foncé ou jaune orangé mielleux, les échantillons bruts que l'on veut passer au feu. On les met ensuite dans des cendres ou dans du sable, en les amenant peu à peu à la chaleur rouge ou à la chaleur blanche plus ou moins prolongée. Quand on les retire, on leur trouve la teinte rouge clair du rubis balais, dont le nom même est donné à cette topaze, dite *topaze brûlée* ou *rubis balais* par Haüy et par Achard le père. La couleur *gaie* de la topaze brûlée est des plus agréables à l'œil. — Cette pierre a un caractère aimable, me disait un dilettante. — J'étais parfaitement de son avis sur le moral de cette gemme; cependant il faut avouer qu'il y a quelque chose de peu sincère dans les moyens qui lui font acquérir cette belle teinte. Si, comme l'olivine, la topaze eût été enveloppée dans les laves des foyers volcaniques, elle fût devenue naturellement rubis balais, et aucun nuage n'aurait plané sur la franchise de son caractère.

L'espèce minérale qui forme la topaze est caractérisée par une certaine quantité d'acide fluorique qu'elle contient exclusivement à toutes les gemmes. De plus cette pierre, chauffée modérément au feu, devient électrique, comme si elle eût été frottée, et ses deux bouts attirent les petits corps mobiles. Un léger fil de lin qui pend en l'air est attiré par la topaze chaude, comme il l'est par un bâton de cire à cacheter frotté sur un habit. La topaze ne partage cette propriété curieuse qu'avec la *tourmaline*. Cette dernière pierre, dont nous ne dirons qu'un mot comme pierre gemme, est très célèbre dans l'optique, où ses propriétés polarisantes sont utilisées dans de nombreux appareils. Elle est sans éclat aucun, et quoique proposée comme pierre de deuil, concurremment avec le jais ou jayet, pour des parures un peu riches, les bijoutiers n'ont pu se décider à l'employer. Pour une riche parure de deuil, il faudrait tailler des diamants Hoirs, comme on l'a fait en Portugal pour une garniture de couronne royale. Les premières tourmalines nous sont venues de Ceylan, par la Hollande. La seule tourmaline rouge de Sibérie fait une assez jolie pierre de bague sous le nom de *sibérite*. Parmi les échantillons microscopiques de l'amateur dont j'ai déjà parlé, il y avait de petites sibérites de Corse de la forme cristalline et de la couleur la plus exquise. On aurait pu en faire des gemmes pour les Lilliputiens. Il y a quelques belles tourmalines du Brésil, vertes et bleues, qui sont désignées sous le nom d'émeraudes et de saphirs du Brésil.

L'*aigue marine*, dont le nom indique la couleur verdâtre ou vert peu foncé de l'eau de la mer, est une pierre de même nature minéralogique que l'émeraude, mais peu demandée aujourd'hui. Probablement son prix s'élèvera bientôt, car le commerce n'en reçoit aucun nouvel approvisionnement, et la circulation ne s'opère que sur un fonds ancien. Cette pierre ne perd rien aux lumières, et c'est un curieux spectacle de voir un magnifique saphir bleu perdre le soir tous ses avantages, tandis qu'une pauvre parure d'aiguë marine non-seulement garde tout son effet, mais semble même gagner plus d'éclat. Les Anglais recherchent l'aigue marine, comme les Espagnols la topaze. Elle prend un beau poli et le conserve longtemps. Sa dureté est moindre que celle de la topaze, et elle est douée de curieuses propriétés optiques que notre sujet ne nous permet point d'aborder.

Nous voici à l'*améthyste*, dont le nom signifie *spécifique contre l'ivresse*. C'est un véritable cristal de roche coloré en beau violet; c'est essentiellement une pierre de jour qui perd beaucoup à la lumière. On peut dire qu'il ne manque à cette belle pierre que la rareté. Pline emploie le mot *améthystiser* comme synonyme de *violétiser*, tant les idées de violet et d'améthyste étaient analogues ! Les savants modernes, avec leurs yeux de lynx, ont cependant pu trouver une petite différence entre le cristal de roche violet et l'améthyste. Cette dernière est caractérisée par une série de petites couches ondulées que n'a pas le cristal de roche violet. Il existe aussi des cristaux de roche incolores ou jaunâtres qui offrent la structure ondulée intérieure de l'améthyste. J'ai retrouvé cette disposition par couches dans de la glace formée au rejaillissement d'une fontaine publique. Lorsque certaines agates possèdent de ces couches bien minces et bien uniformes d'épaisseur, elles prennent de belles couleurs d'arc-en-ciel, et on leur donne le nom d'*agates irisées*. Quelques détails échappés aux anciens auteurs peuvent faire présumer que les vases myrrhins, dont la valeur se comptait par centaines de mille francs, étaient quelquefois taillés dans des agates irisées. Sir David Brewster a donné la théorie exacte de ces irisations, ignorant que je l'avais donnée avant lui dans les *comptes-rendus* de l'Institut : sa théorie a donc été confirmée sitôt qu'elle a paru. Le même savant a fait voir d'une façon péremptoire que les riches couleurs des coquilles marines ne sont dues qu'à la forme de leur surface, qui est striée et ondulée par lignes très serrées; car, si l'on prend sur une cire noire très fine l'empreinte de la coquille colorée, on peut remarquer que la cire en adopte les couleurs en même temps qu'elle en adopte la forme. J'ai déjà dit que les élytres, ou fourreau des insectes, qui brillent des plus riches teintes, ne les devaient qu'aux raies que la nature a tracées à leur surface, et cela est démontré par l'empreinte sur la cire noire, qui devient colorée par cela seul qu'elle se moule sur les stries, qui sont la cause de la couleur. Les vases myrrhins étaient vendus 70, 100 et 300 talens. Or le talent était environ de 5,540 francs!

Nous pourrions aller chercher parmi les minéraux des pierres qui, étant taillées, feraient d'assez belles gemmes. L'*euclase* serait une émeraude faible en couleur, mais bien plus dure que la véritable émeraude. L'amphigène serait aussi beau que le saphir blanc. La *prehnite* du cap de Bonne-Espérance donnerait un vert céladon assez agréable. C'est une chose curieuse que les progrès de la minéralogie n'aient pas amené sur le marché des gemmes de nouvelle espèce propres à faire des parures. Ceci nous ramène à une belle idée de M. de Humboldt : c'est que la nature minérale est la même d'un bout à l'autre du monde, ce qui n'a pas lieu pour la nature végétale ni pour les animaux. Ainsi, dès qu'on aura fouillé les couches siliceuses, argileuses, calcaires, granitiques d'une partie du globe, on aura des échantillons de ce que l'on devra trouver partout ailleurs, puisque les terrains, les dépôts, les roches, les laves, tout est identique dans toute contrée. Plus d'espoir donc d'avoir autre chose que les diamants, les rubis, les saphirs, les topazes, les émeraudes et les améthystes. Il n'y a de ressource que dans les travaux du laboratoire. Pour avoir du nouveau, l'homme ne peut plus compter sur la nature; il ne peut avoir recours qu'à son génie.

Nous dirons, pour terminer la liste des pierres gemmes, quelques mots sur le cristal de roche ou caillou blanc cristallisé. Cette pierre, inférieure en valeur, n'est autre chose que du sable siliceux ou du roc faisant feu au briquet, cristallisé et coloré d'une infinité de manières. Presque tout ce qu'on appelle *pierres fausses* a le cristal de roche ou quartz pour base. Ainsi le cristal de roche taillé en diamant, comme les cailloux du Rhin ou les diamants d'Alençon, s'appelle faux diamant. Le faux saphir, la fausse topaze, sont des quartz bleus ou jaunes. Il n'y a que le quartz violet qui soit la vraie améthyste. Récemment on s'est avisé de faire pour les cristaux de roche jaunes d'Espagne ce qu'on fait pour les topazes de même couleur. Le résultat a été très satisfaisant : il s'est développé dans la pierre une couleur veloutée presque orangée qui est très riche. Quant à tous les reflets, toutes les teintes, tous les degrés de transparence, d'opalescence, enfin toutes les formes que le quartz, véritable protée, prend dans la nature, un volume suffirait à peine pour les détailler. L'industrie du verre, et surtout du verre blanc à base de plomb, dit cristal, a réduit presque à rien la demande du cristal de roche naturel. Autrefois on en garnissait les lustres et on en faisait mille ouvrages où le cristal vitreux est maintenant employé. Les anciens connaissaient la propriété qu'ont les boules de cristal de roche de rassembler les rayons du soleil et de brûler les corps qui se trouvent placés au foyer des rayons solaires concentrés. Les médecins mêmes se servaient d'une pareille boule pour cautériser certaines plaies, d'après l'ancien adage : « Après les médicaments, le fer; après le fer, le feu; après le feu, rien ! » Ces mêmes boules sont de vrais microscopes, surtout si elles sont petites, et l'antiquité en a taillé qui n'étaient pas plus grosses qu'une cerise. Les hommes d'alors auraient donc facilement scruté, comme nous, le monde des infiniment petits, s'ils l'eussent voulu. Bien d'autres choses qu'ils tenaient pour ainsi dire aux mains leur ont échappé. A voir tout ce que le XIXe siècle a déjà fait, nous pouvons, sans trop de vanité, espérer que la postérité ne dira pas la même chose de nous.

Je n'ai pas parlé des *turquoises*, dont il est deux sortes l'une et l'autre sans transparence. Une de ces turquoises provient des dents de mastodonte colorées par le cuivre en vert céladon. C'est un véritable ivoire fossile. L'autre espèce de turquoise est minérale et du même vert bleuâtre que la première. Celle-ci est assez recherchée et arrive à une quarantaine de francs le carat. La turquoise est parfaitement imitée au moyen de la porcelaine colorée de la même teinte. Peut-on appeler pierre gemme une pierre sans transparence et sans dureté ? C'est plutôt une espèce d'émail naturel. Nous avons aussi omis le *feldspath*, qui contient un principe alcalin et qui donne des pierres ayant un éclat gras et nacré, mais sans couleurs. Cependant, lorsque le feldspath offre un fond jaune d'or parsemé de points rougeâtres, on le taille en une gemme peu commune aujourd'hui et presque tout à fait oubliée : c'est l'*aventurine*.

Après avoir considéré dans la nature les minéraux cristallisés que l'on taille en gemmes, on doit être tenté de les imiter par des opérations chimiques. Il ne s'agit pas ici de colorer artificiellement des pâtes vitreuses en rouge et en bleu pour en faire de faux rubis et de faux saphirs, industrie de bas étage. Il s'agit de reproduire dans le laboratoire les opérations de la nature, en les variant même et les complétant, et de faire de vraies pierres précieuses comme on a déjà essayé de faire de vrai diamant. J'ai déjà dit qu'Ebelmen, à Sèvres, avait fait cristalliser l'alumine et la silice en vrai spinelle. M. Despretz, dans les expériences où il a volatilisé le charbon et le diamant et fait avec ce dernier de vrai crayon noir marquant parfaitement sur le papier, a facilement fondu l'alumine et la silice. Il a ainsi obtenu de ces substances de petites boules creuses tapissées intérieurement. de cristaux, comme les cavités ou géodes qui dans les montagnes contiennent les cristaux de diverses sortes. Dans toutes les expériences de M. Despretz, les feux épouvantables qu'il a produits au moyen de l'électricité n'ont jamais fait que *décristalliser* le diamant pour en faire du carbone, sans apparence de cristallisation ainsi opérée. Il en résulte ce fait géologique très important, que le diamant, que la nature ne nous offre jamais en place, n'a point dû sa naissance à un phénomène igné. Son origine est probablement électrique; mais où était-il à l'époque des premières transformations, et quand sa cristallisation a-t-elle eu lieu ?

Suivant l'idée de M. Boutigny, le charbon de terre provient des pluies d'hydrogène uni au carbone qui durent arroser la terre lorsqu'elle était encore assez échauffée pour ne pas permettre à l'eau de tomber en pluie ordinaire. M. Boutigny tire de là une théorie des dépôts houillers, mais il n'a pas encore passé à la cristallisation du carbone. J'ai déjà dit que le soufre et le charbon unis ensemble donnent un liquide aussi blanc et aussi transparent que l'eau pure ou l'alcool le plus limpide. Cela posé, voici comment je procéderais pour cristalliser le carbone. Je remplirais une forte bouteille en fer avec ce liquide, et, après l'avoir bien bouchée à vis, je la placerais dans une étuve à 2 ou 500 degrés. Alors probablement le fer de la bouteille et le soufre du liquide réagiraient l'un sur l'autre. Or le soufre, quittant le charbon pour s'unir au fer, laisserait libre le charbon, qui pourrait ainsi cristalliser.

Au reste je ne donne ce projet d'expérience que pour faire comprendre le jeu des actions chimiques. C'est ainsi que lorsque l'on plonge dans une dissolution saline un corps qui prend l'eau à l'exclusion du sel, celui-ci cristallise sur le corps qui lui enlève l'eau. En serait-il de même du carbone, et cristalliserait-il sur le fer qui lui enlèverait le soufre ? Il faut que ceux qui seraient tentés de faire des expériences de chaleur sur les liquides renfermés dans des espaces très bien clos soient bien prévenus que dans cet espace la vapeur du liquide chauffé acquiert une grande force élastique qui peut briser l'enveloppe de fer, surtout si celle-ci a été affaiblie par faction du soufre. Plusieurs alchimistes se sont tués en chauffant à outrance du mercure dans des vases de fer. La vapeur du mercure faisait crever le fer, dont les éclats produisaient l'effet de la bombe. J'ai fait dans ma vie un assez grand nombre d'expériences périlleuses avec la poudre à canon, les gaz arrêtés dans leur dégagement et les poudres fulminantes. Voici le secret pour n'être pas blessé : c'est d'admettre que l'accident qu'on craint arrivera infailliblement, et de se mettre alors convenablement à l'abri pour un péril hypothétique, comme on le ferait pour un accident imminent et indubitable. Surtout il faut se défier des explosions qui tardent à se produire, et se réserver toujours la faculté de briser son appareil sans en approcher de trop près. Si l'on voulait opérer en petit et avec un tube de verre très fort, on mettrait dans le tube une petite baguette de fer avec le liquide sulfo-carbonique, et on mettrait le tout dans l'étuve. Mais encore une fois, il faut agir avec prudence : c'est un mauvais voisin qu'un tube qui est toujours sur le point de voler en éclats !

Nous venons de dire qu'il n'y avait guère de chance que la nature nous offrît des minéraux inconnus, mais que les produits de laboratoire n'avaient point contre eux cette présomption de non-succès. Il faudrait donc réexaminer tous les composés dont la dureté, le poli, la transparence et la cristallisation conviendraient aux gemmes. Ensuite on verrait à les colorer convenablement, ce qui ne paraît pas fort difficile, puisque la matière colorante semble étrangère à la substance des gemmes, lesquelles ne sont que trop souvent fort inégalement colorées. Ebelmen, en faisant évaporer de l'éther silicique, avait obtenu de belle pâte d'opale. Plusieurs de ceux qui cherchaient le diamant ont obtenu des silicates fort durs, et qui pouvaient rivaliser avec toutes les gemmes. *Cherchez et vous trouverez*!

En comparant la France d'aujourd'hui à la France du commencement de ce siècle, on voit avec satisfaction combien l'intelligence et l'industrie ont augmenté sa richesse et son bien-être en même temps que sa population. La richesse immobilière a été accrue par les progrès de l'agriculture et par l'établissement des voies de communication. La richesse mobilière en argent, en bijoux, en pierres précieuses, en meubles, en objets d'art, en bibliothèques, en conservatoires, en collections de toute sorte, a encore plus gagné que la propriété foncière, et l'on peut dire de nos villes ce que disait Homère de quelques villes grecques, savoir que les maisons y tiennent en dépôt une grande masse de valeurs. Sous ce point de vue, Londres l'emporte de beaucoup sur Paris, comme Paris l'emporte sur Londres pour la qualité de sa population. Le seul point de richesse mobilière actuelle où il semble y avoir un peu d'infériorité, c'est dans le nombre des collections de pierres précieuses. Celles du baron Roger et de M. Hope ont été vendues et dispersées. Les diamants du duc de Bourbon ont été vendus sans respect pour leur origine, qui remontait à Charles le Téméraire. On pourrait croire que c'est la dissémination et l'abaissement des fortunes qui s'opposent à la formation de ces collections coûteuses : c'est une grande erreur, car les valeurs mobilières en livres, en tableaux et en meubles précieux sont tout aussi chères et improductives que les collections de gemmes; elles font moins d'honneur et de plaisir, et quand elles changent de maître, elles perdent infiniment plus. De toutes les dépenses de luxe, on peut donc hardiment établir que les diamants et les pierres précieuses sont la *dépense la plus économique*, surtout lorsqu'on choisit en connaisseur et guidé par un joaillier habile et consciencieux. Il n'est pas de société où l'exhibition des belles pierres d'une boite de choix n'attire l'attention générale. On acquiert peu à peu ces notions de géographie, de minéralogie, de physique, de chimie et de cristallographie, qui naturellement se lient aux contrées

II. Des Pierres précieuses

où le commerce va chercher ces beaux produits de la nature, à la manière de les tailler, de les monter, de les porter, et enfin à leur valeur commerciale. La possession d'une belle collection de pierres précieuses de premier choix n'est donc point un luxe inutile, dispendieux et frivole. Quand les premiers d'une société peuvent acheter des diamants, les derniers peuvent acheter des aliments; mais quand les premiers en sont réduits aux aliments ou même à la gêne, il y a longtemps que les derniers sont morts de faim. Comparez l'Europe occidentale à l'Europe orientale, et jugez.

ISBN : 978-1726254908

www.ingramcontent.com/pod-product-compliance
Lightning Source LLC
Chambersburg PA
CBHW071111240526
45469CB00006BD/2436